地下工程平衡稳定理论与关键技术及应用

王梦恕 题

朱汉华 等 著

人民交通出版社股份有限公司
China Communications Press Co.,Ltd.

图书在版编目(CIP)数据

地下工程平衡稳定理论与关键技术及应用 / 朱汉华等著. — 北京 ：人民交通出版社股份有限公司，2016.9

ISBN 978-7-114-13282-7

Ⅰ.①地… Ⅱ.①朱… Ⅲ.①地下工程—稳定性—研究 Ⅳ.①TU94

中国版本图书馆 CIP 数据核字(2016)第 194327 号

书　　名：地下工程平衡稳定理论与关键技术及应用
著 作 者：朱汉华　等
责任编辑：曲　乐　黎小东
出版发行：人民交通出版社股份有限公司
地　　址：(100011)北京市朝阳区安定门外外馆斜街 3 号
网　　址：http://www.ccpress.com.cn
销售电话：(010)59757973
总 经 销：人民交通出版社股份有限公司发行部
经　　销：各地新华书店
印　　刷：北京市密东印刷有限公司
开　　本：720×960　1/16
印　　张：8.75
字　　数：130 千
版　　次：2016 年 9 月　第 1 版
印　　次：2016 年 9 月　第 1 次印刷
书　　号：ISBN 978-7-114-13282-7
定　　价：30.00 元

内 容 简 介

工程力学是建立在材料性质和微观结构确定的基础之上的。但是部分地下工程结构(例如软岩隧道)在受力过程中,材料性质和微观结构会发生变化且变化方式及规律未知,其结构的本构关系、积分和传力路径会发生改变,应用工程力学解决地下工程结构问题时,应要求工程结构设计、施工满足结构合理性与变形协调控制条件。本书在继承松弛荷载理论、岩承理论与相应技术的实质及其指导现代地下工程建设实践的意义和价值的基础上,建立了地下工程平衡稳定理论,并创新了四项关键技术。作者认为,在地下工程结构设计与施工中,应将结构稳定平衡为主的力学控制条件变为结构稳定平衡、结构变形协调控制的力学与变形双重控制条件,这既能解释规律又能应对不确定性。

本书为解决新型地下工程安全问题做了有益尝试,可供地下工程建设相关人员阅读参考。

前　　言

据质量安全事故统计，各类坍塌事故中死亡人数比例为：地下工程施工坍塌占32.6％，基坑开挖与挡墙坍塌占23.9％，即使一些发达国家交通工程的结构性缺陷也高达11％。统计表明：结构组织有效度高的工程问题较少，而结构组织有效度低的工程问题较多，其材料性质和微观结构发生改变，不符合工程力学的适用条件，只能选择合理的结构构造满足结构变形协调控制，否则，工程结构会产生计算结果与实际结果相差较大的现象，甚至出现安全隐患。

通过近两个世纪的探索，地下工程建设技术得到了很大的发展。目前，地下工程结构在计算分析方面主要采用传统松弛荷载理论(类似荷载结构法)或数值分析法，在合理结构构造、施工工法工艺等方面主要采用现代岩承理论(类似地层结构法)。这些已有理论或方法虽隐含“变形协调控制”假定，但该假定在实际应用中往往被忽视。强调结构变形协调控制问题，把“变形协调控制”作为显性边界条件，将更有利于地下工程结构与围岩共同作用，从而达到“稳定平衡与变形协调控制”状态。

对于条件好的简单地质环境，地下工程稳定平衡容易实现，只要把握正确物理概念，选用什么理论和工法似乎不那么重要。但是，对于不良地质条件或复杂工程环境条件的地下工程建设，则需要有效的工程措施来保障结构变形协调控制，否则会影响结构体系中力的合理传递或转移路径，进而改变结构平衡稳定状态甚至形成新的有害平衡状态。地下工程平衡稳定理论和开挖能量控制技术、强预支护技术、受力独立性综合技术、变形协调控制技术等关键技术就能有效解决此类问题。

参与本书编写的人员还有陈孟冲、牛富生、孙富学、虞兴福、陈华、林天干、赵文琴、赵永利、张志宏等。

许多好友也为本书的编写做出了重要的贡献，在此一并致谢！特别得到孙钧先生、王梦恕先生、石根华先生、刘宝琛先生、曾庆元先生五位大家的悉心指导，特此敬意！

由于水平所限，书中难免存在不妥与错谬之处，敬请读者批评指正。

作　者

2016 年 8 月

目　录

第二部分 山岭隧道建设中平衡稳定理论应用

第三部分 城市地下工程建设中平衡稳定理论应用

绪论

地下工程有“三怕”：怕水，怕软，怕变形。其对应的整治措施分别为：治水、防渗；防塌、防失稳；预测和控制施工变形。三个问题的核心还是结构变形协调控制问题，因此，地下工程设计与施工的关键问题是：①尽可能多利用围岩自承和自稳能力；②施工中尽可能少扰动围岩，不使其自承和自稳能力下降甚至受到破坏；③设法提升和增强围岩自承和自稳能力。

为什么地下工程施工过程中容易发生坍塌事件甚至安全事故呢？作者通过大量地下工程施工实践和坍塌事件或安全事故调查分析，得出如下结论：

(1)地下工程“基本维持地层(围岩)原始状态”比“合理发挥地层(围岩)自承能力”更容易判断地下工程结构体系是否满足结构变形协调控制。若满足结构变形协调控制，则结构实际受力变形状态与设计受力变形状态基本一致；反之，结构实际受力变形状态与设计受力变形状态有差别，容易产生各种问题甚至是意想不到的质量问题或安全问题。

(2)在地下工程设计过程中，工程师们往往忽视了施工过程的结构力学平衡稳定性。假如隧道结构力学平衡稳定性都不满足，怎么还会满足新奥法呢？实际上，隧道设计中不但要研究结构整体稳定性，还要研究施工过程中分部结构稳定性。

(3)有的工程师往往缺乏类似施工经验，虽然熟记新奥法理念，却忽视了隧道结构力学稳定平衡问题，方法应用不到位，实际还是不满足新奥法。切记新奥法是理念、结构力学是基石。

本质上，新奥法是一种地下工程建设过程中“合理发挥地层(围岩)自承能力”的设计、施工理念与方法。如果结构构造欠合理，虽然有监控量测或预测控制，还可能发生特殊风险甚至安全事故；而地下工程建设全过程必须满足结构稳定平衡与变形协调控制，才能真正“合理发挥地层(围岩)自承能力”和满足建设运营全过程质量安全要求。例如：①当地下工程施工过程中，地层(围岩)自承能力足以支撑结构稳定平衡时，采用新奥法与矿山法施工没有差异优势；②地下工程施工过程中，当地层(围岩)自承能力不足以支撑结构稳定平衡时，特别是地层(围岩)很差时，新奥法施工理念的“先支后挖”或“即挖即支”方法就能使得地下工程结构施工过程中满足结构稳定平衡与变形协调控制，而矿山法的“先挖后支”方法就容易导致地层(围岩)坍塌。

作者认为，现有隧道理论和方法是对的，但似乎不够全面。如何应对地下工程变形突变问题的不确定性，则要求地下工程结构设计、施工满足结构合理性与变形协调控制条件。因此，地下工程结构变形协调控制方法解决地下工程结构安全问题的原则为：

(1)确定态势——确定物体运动状态与趋势，转化不确定性因素为确定性问题；

(2)控制危害——采用最小耗能原理、传力介质合理性、变形协调控制等方法判断结构危害，并采取有效措施控制结构危害；

(3)计算平衡——自然或经典工程结构借鉴是前提，结构稳定平衡与变形协调控制是关键，工程结构设计与施工中的力学平衡计算问题是手段。

牛顿力学($F=ma$，结构重心是不变的)是工程力学的源头，应用工程力学($F=P+T=P_0$)解决工程结构力学与变形问题时，其求和过程$\sum F_i=\sum P_{0j}$应满足以下两个条件：①受力结构质量(构造)m、运动(变形)a的稳定性和环境适应性；②受力结构传力F的合理性；否则，要求采用工程结构构造控制措施。工程力学是建立在材料性质和微观结构确定的基础之上，应用工程力学解决工程结构问题则要求工程结构设计、施工满足结构变形协调控制条件。但是部分工程结构在受力过程中，材料性质和微观结构会发生变化且变化方式及规律未知，其结构本构关系、积分和传力路径会发生改变。

土木工程设计、施工的分析方法表述为：①工程结构稳定平衡理论解决相对成熟工程问题可用精确分析法；②工程结构稳定平衡与变形协调控制方法解决相对复杂工程问题先用有效工程措施基本维持地层原始受力变形状态，再用精确分析法解决工程问题。

因此，在地下工程建设过程中，按照结构变形协调控制方法改进设计与施工，在设计与施工规范的基础上，预先、及时或固有形成有效的承载结构层、施工过程控制及空间稳定性，即“时空效应”，特别是施工过程的空间稳定性和变形协调控制问题，有利于确保力按设计路径传递，控制力的不合理甚至有害转移，从而避免围岩突变甚至坍塌问题，保障地下工程结构质量和安全。

第一部分

地下工程平衡稳定理论与关键技术

地下工程平衡稳定理论的形成与发展

地下工程围岩赋存于一定的地质环境中，受构造、风化等作用影响，围岩内部形成的各种结构面，把完整岩体切割成形状和大小不同的岩块。地下工程开挖前，岩体处于平衡稳定状态，开挖使围岩产生卸荷回弹变形和应力重分布。若围岩强度高于开挖后的重分布应力作用，围岩不会发生显著的变形和破坏，无需支护或仅需局部支护即可维持围岩稳定；若围岩强度低于重分布应力作用，围岩将产生较大的变形并可能引起失稳破坏，这时必须采用强预支护结构才能确保围岩与支护结构共同作用达到稳定平衡与变形协调控制，真正“合理发挥围岩自撑能力”。

1.1 工程结构稳定平衡与变形协调控制的物理意义

为了说明工程结构稳定平衡与变形协调控制关系的物理意义，可以通过如图 1.1 所示重物稳定平衡与变形协调控制关系示意图，直观地理解变形协调控制对结构平衡状态稳定性的影响。图 1.1 中的重物 W 由 n 股绳子悬挂，绳子作用力 $P_1,P_2,\cdots,P_n$ 与自重 W 共同作用处于平衡状态。该平衡状态因为绳索作用力 P_i 和重物 W 共同作用的变形协调控制关系不同，其平衡稳定状态也不相同，具体表现为：

(1)当重物 W 受静载荷作用时，$P_1,P_2,\cdots,P_n$ 与 W 共同作用处于平衡状态，当 $P_1,P_2,\cdots,P_n$ 都在各自强度允许范围内时，系统处于稳定平衡；当出现某个 P_i 超过极限而破坏，此时，剩余 n-1 根绳索的受力状态会重新分配。在内力重分布过程中，可能会出现两种情况：若内力能够合理转移，剩余 n-1 根绳索受力仍处于强度范围内,系统将再次平衡;若系统结构设计不当,系统内力不能合理转移,将导致剩余 n-1 根绳索内力再次超过强度范围而引起断裂,该过程重复出现将引起连锁反应而使系统整体失稳。从能量传递角度看,上述现象可以解释为:由于重物 W 的作用,每根绳子内积聚的应变能为 U_i(i=1,2,…,n),此时结构处于稳定平衡。倘若某个绳子内部储存能量 U_i 已达到其吸能极限而出现断裂,则 U_i 完全释放。由于系统总体能量不变,则结构变形能将重新分配,将出现两种情况:若能量能够合理传递,剩余 n-1 根绳索能有效吸收所有变形能,系统将再次平衡;若结构设计不当,外力做功将再次突破结构储能极限,导致剩余 n-1 根绳索断裂,引起连锁反应而使系统整体失稳。

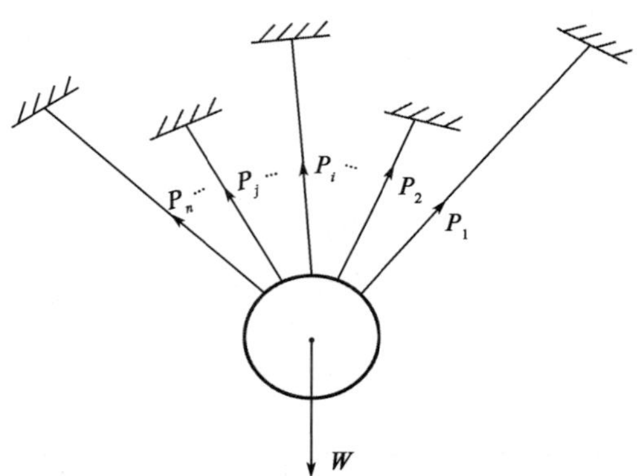

图 1.1　多股绳子悬挂下的重物稳定平衡与变形协调控制关系图

(2)当重物 W 受到扰动时,重物 W 将偏离原始的位置,因而 P_1,P_2,…,P_n 的大小将重新分布,只有当 P_1,P_2,…,P_n 变形协调(即 P_1,P_2,…,P_n 之间的内力能够合理转移)时,且都在强度允许范围内时就处于稳定平衡与变形协调控制,系统才能恢复到原始的位置。否则,当结构设计不合理时,系统内部受力不能合理转移,P_1,P_2,…,P_n 的重新分布可能会造成某个绳子作用力 P_i 超过极限而破坏,甚至引起连锁反应而出现系统整体失稳。从能量分析角度则更好理解:外界对重物 W 的扰动将给结构输入一定的能量,只有当结构变形协调(即总体变形能在每根绳子之间能够合理传递)时,且考虑到空气和结构内部耗能机制(例如阻尼、摩擦等),系统才能恢复到原始的位置。否则,当结构设计不合理时,系统内部能量不能合理传递,U_1,U_2,…,U_n 的重新分布可能会造成某个绳子无法吸收应有的能量而破坏，甚至引起连锁反应而出现系统整体失稳。

(3)当重物W受动荷载作用时，各$P_1, P_2, \cdots, P_n$受力不均匀性更加明显，$P_1, P_2, \cdots, P_n$与W共同作用的稳定平衡与变形协调控制更加复杂，因为结构输入能量的大小随着外部动荷载作用形式的变化而变化，考虑到空气和结构内部耗能机制(例如阻尼、摩擦等)，结构体系在振动过程中也会消耗一部分能量。当结构变形协调，通过外力做功输入到结构体系的能量与系统耗散的能量处于动态平衡过程，系统不会出现能量不断积聚过程。当结构设计不合理、变形不协调时，通过外力做功输入到结构体系的能量总体上大于系统耗散的能量，系统能量不断积聚，导致发散的系统振动，最终出现能量在结构薄弱环节积聚而导致局部破坏甚至引起连锁反应而出现系统整体动力失稳。

一般工程结构力学分析中隐含荷载、变形适应性；其实工程结构首先要稳定平衡，再者结构措施要保障结构变形协调控制，往往实际工作中容易忽视！

为了便于理解工程结构稳定平衡、稳定平衡与变形协调控制两个概念的内在联系，特将这两个概念对应的工程结构受力分析问题以及理论适用条件进行了归纳总结，如表1.1所示。

表1.1 变形协调控制与结构平衡状态的关系

状态 内容	工程结构受力分析	适用条件
稳定平衡	采用精确分析法解决工程结构问题	隐含或自然满足变形协调控制
稳定平衡与变形协调控制	先整体控制与细节把握，再用精确分析法解决工程结构问题	构建合理结构体系和合理工法或工艺以及有效过程控制措施等，确保力的合理传递或转移路径等

因此，工程结构只有处于稳定平衡与变形协调控制状态才能存在。

对于地下工程结构而言，“基本维持地层(围岩)的原始状态”和“施工过程控制”至关重要。

以新奥法等为代表的现代施工技术的核心是“充分发挥围岩的自承能力”，这一提法从力学角度提出了保持围岩稳定的思路，决定围岩稳定性的关键是围岩与支护系统共同作用达到“稳定平衡与变形协调控制”。在实际工程中，地下工程开挖后围岩应力会重分布，特别是存在塑性区时围岩的应力还会产生转移。因此，围岩应力的集中区分布、围岩稳定性可能出现突变点位置的把握是十分困难的，也难以用应力控制手段实现围岩的稳定性判断。在围岩稳定性评价中，关键是要控制异常变形，对Ⅰ级、Ⅱ级和Ⅲ级偏好围岩主要控制块体掉落和块体的稳定平衡，而Ⅲ级偏差围岩及Ⅳ级、Ⅴ级和Ⅵ级围岩主要控制变形协调、不产生有害变形导致坍塌和丧失稳定平衡。

"基本维持地层（围岩）原始状态"的理念，直接面对围岩的"稳定平衡与变形协调控制"，从整体稳定的视角出发，既是保持原有围岩与支护系统共同作用达到稳定平衡和控制变形异常，又是"合理发挥地层（围岩）自承能力"的充分必要条件。因此，工程实践中"合理发挥地层（围岩）自承能力"和"基本维持地层（围岩）原始状态"两者理念相同，而"基本维持地层（围岩）原始状态"理念便于实践应用并控制围岩稳定。

地下工程不同的施工工序通常会给岩土体带来不同的受力变形状态。然而，地下工程设计中通常只考虑工程结构完成时的受力状态，而忽视施工过程中的受力变形状态。自承能力好的围岩，在应力重分布后可以重新调节达到稳定平衡，开挖方式对围岩和支护结构的影响不大；但在自承能力较差的岩土体中，施工过程中必须合理把握施工工序，注重过程控制，把握施工过程中岩土体与支护结构的受力变形状态，才能确保其受力变形状态符合设计要求，从而实现地下工程岩土体"基本维持地层（围岩）原始状态"及结构"稳定平衡与变形协调控制"。因此，围绕岩土体的受力变形状态进行研究，则地下工程过程控制和时空效应的研究与实践是等效的。要切实落实过程控制，必须注重地下工程建设的时空效应，做到四个及时："及时支护，及时封闭，及时量测，及时反馈"。

1.2 传统荷载理论与认识

1.2.1 松弛荷载理论

20 世纪 20 年代，Haim、Rankine、ИНик 等提出传统"松弛荷载理论"，其核心内容是：稳定的岩体有自稳能力，不产生荷载；不稳定的岩体则可能产生坍塌，需要用支护结构予以支承。这样，作用在支护结构上的竖向荷载就是围岩在一定范围内由于松弛并可能坍落的上覆岩土层的重量 γH。三人理论的不同之处在于，Haim 根据散体理论认为侧压力系数等于 1，Rankine 认为等于 $\tan^2(45°-\varphi/2)$，ИНик 则根据弹性力学理论认为是 $\mu/(1-\mu)$。松弛荷载理论适用于浅埋隧道，但是随着隧道埋深的不断增大，人们发现该理论存在许多不合理之处，对埋深较大的隧道，计算得到的压力偏大。根据对工程中围岩坍塌的观察和室内模型试验，普氏（M. Лромобъяконоб）和太沙基（K. Terzaghi）改善了这一理论。

松弛荷载理论曾经产生过重要的影响，作为围岩压力的近似计算方法，应用比较简便，在岩体破碎或浅埋隧道情况下，其计算结果仍具有重要的价值，至今仍在一些国家广泛应用。而依据松弛荷载理论统计地下工程围岩塌方规律的规范值大部分可行，但在没有采用变形协调控制手段修正其开挖和支护工法时，对于围岩偏差和偏好的情况存在工程风险和支护过度。

1）围岩破坏的有限区域理念——普氏理论

普氏理论是早期的围岩压力计算理论，虽然在许多情况下其计算结果可能与实际情况有较大的误差，但其围岩破坏的有限区域理念仍然具有重要意义。

普氏理论又称为自然平衡拱理论，这个理论的基本要点是：

（1）由于岩层中存在很多节理裂隙以及各种软弱夹层，破坏了岩体的整体性，裂隙切割而形成的岩块的几何尺寸相对很小，可将岩层视为像砂子那样的松散体，但由于岩块间还存在黏结力，故将岩体看成具有一定黏结力的松散体。

（2）洞室开挖以后，在其顶部形成压力拱，作用于衬砌上的围岩压力，仅为压力拱与衬砌间破碎岩体的重量，而与拱外岩层及洞室埋深无关。

根据普氏理论得到矩形洞室荷载计算图如图 1.2 所示。图中，φ 为岩体的内摩擦角，q 为压力拱上的垂直均布荷载，e_i 为水平荷载，b 为自然平衡拱的最大高度，a_1 为自然平衡拱的最大跨度。

2）围岩破坏的稳定平衡理念——太沙基理论

太沙基理论将地层看作松散体，但它是基于应力传递概念而推导出作用于衬砌上的垂直压力，其核心思想是力的平衡。

假定在深度为 H 的岩体内开挖一跨度为 $2b$ 的矩形洞室。开挖后侧壁稳定，拱顶不稳定，可能沿如图 1.3 所示的面 AB 和 CD 发生滑移，此时洞顶围岩压力就等于上覆岩柱的重力减去侧壁抗剪力。

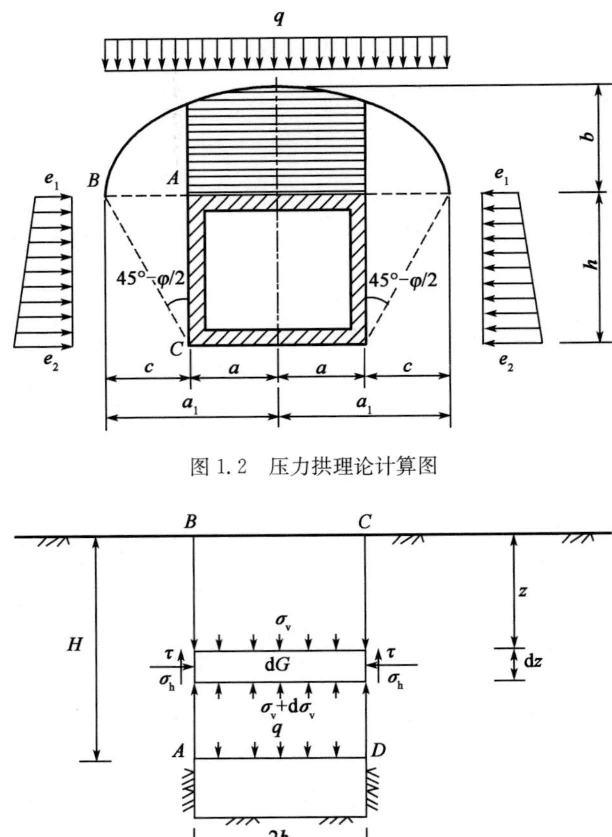

图 1.2　压力拱理论计算图

图 1.3　侧壁稳定时的围岩压力计算图

开挖后如侧壁不稳定，拱顶不稳定，则按如图 1.4 所示的面 AB 和 CD 发生滑移，由此计算相应的围岩压力。

对于围岩的变形破坏方式假设，太沙基理论可能过于简化或者有不合理之处，但其力学平衡的分析理念在当前的隧道工程实践中仍具有重要的价值。

3)代表性施工方法

隧道的常规施工方法又称为矿山法，因最早应用于采矿坑道而得名。在矿山法中，多数情况下都需要钻眼爆破进行开挖，故又称为钻爆法。从隧道工程的发展趋势来看，钻爆法仍将是今后我国隧道最常用的开挖方法。

在矿山法中，可分为以钢木构件支撑的施工方法和采用钻爆开挖加锚喷支护的施工方法。前者称为“传统的矿山法”，后者称为“新奥法”。“传统的矿

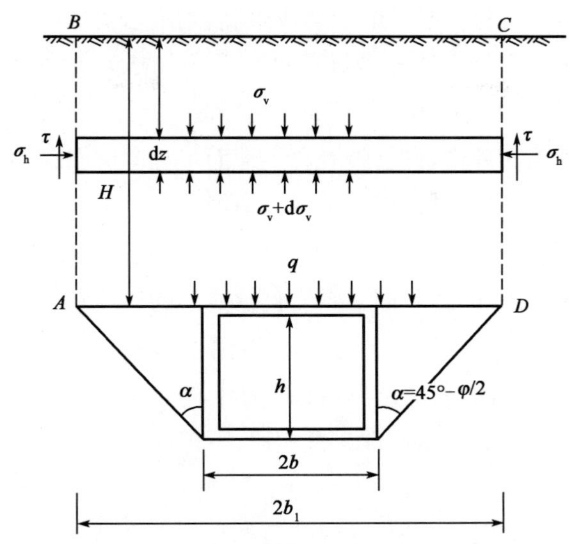

图 1.4　侧壁不稳定时围岩压力计算图

山法”的理论基础是“松弛荷载理论”，而“新奥法”的理论基础是“岩承理论”。

基于传统太沙基理论或普氏理论等设计方法的松弛荷载理论是建立在浅埋松散地层和深埋松散岩土体统计值的力学方法，简单情况的受力变形状态自然满足“变形协调控制”，因而没有变形协调控制和过程控制概念，也没有体现“合理发挥地层(围岩)自承能力”和“基本维持地层(围岩)原始状态”基本理念。对于相对比较破碎的岩体或软土地层，只有满足“基本维持地层(围岩)原始状态”条件，才能达到“合理发挥地层(围岩)自承能力”。因此，对于浅埋松散地层隧道或软土盾构隧道，可采用简化计算即荷载结构法思路(对应于松散荷载理论)，产生的误差在支护结构强度允许范围之内；但施工工法和过程控制措施应采用地层结构法思路(对应于岩承理论)，实现地层与支护结构共同作用，从而达到“稳定平衡与变形协调控制”，消除风险隐患，确保受力安全。这一理念值得我们重新认识和把握。

1.2.2　岩承理论

1)基本原理

20 世纪 50 年代提出的现代支护理论，或称为“岩承理论”。其核心内容是：稳定围岩是岩体有自承能力；不稳定围岩丧失稳定是有一个过程的，如果在这个过程中给围岩提供必要的帮助或限制，则围岩仍然能够进入稳定状态。这种理论的代表性人物有腊布希维兹（K. V. Rabcewicz）、米勒-菲切尔（Miller-Fecher）、芬纳-塔罗勃（Fenner-Talobre）和卡斯特奈（H. Kastener）等人。这是一种比较现代的理论，它已经脱离了地面工程考虑问题的思路，而更接近于地下工程实际，近半个世纪以来被广泛地推广应用。

传统“松弛荷载理论”更注重结果和对结果的处理；而现代“岩承理论”则更注重过程和对过程的控制，即对围岩自承能力的充分利用。由于有此区别，因而两种理论在原理和方法上各自表现出不同的特点。以这两种理论为指导的施工方法也截然不同，对隧道围岩稳定产生的影响也不尽相同。

喷锚支护与传统的钢木构件支撑相比，不仅仅是手段上的不同，更重要的是工程概念的不同，是人们对隧道及地下工程问题的进一步认识和理解。由于锚喷支护技术的应用和发展，导致隧道及地下工程理论进入到现代理论的新领域，也使隧道及地下工程设计和施工更符合地下工程实际，即达到了设计理论一施工方法一结构(体系)工作状态(结果)的一致。基于“岩承理论”的围岩支护与围岩位移关系如图 1.5 所示。在一定范围内，允许围岩变形量越大，需要的支护力就越小，否则会出现相反情况。但要使围岩不发生破坏，必须限制变形的发展。

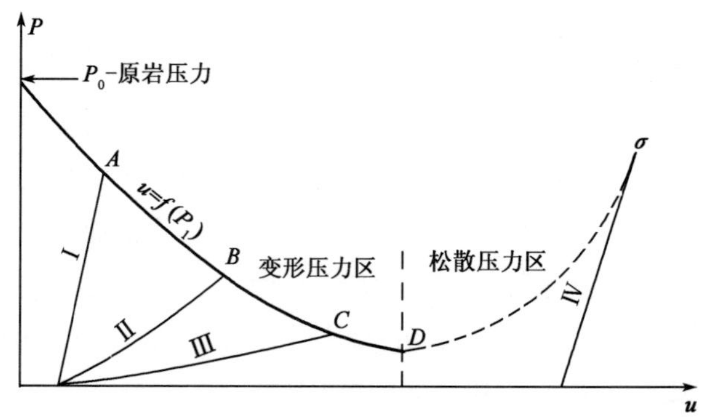

图 1.5　围岩位移支护特性曲线

Ⅰ-刚性支护；Ⅱ-一次锚喷支护；Ⅲ-初喷、二次锚喷支护；Ⅳ-模注支护

新奥法核心概念广泛应用于隧道及地下工程设计、施工等实践过程中。但是，基于围岩位移支护特性曲线进行围岩支护设计也存在一个重要问题：支护特性曲线上的 D 点是理论上存在，但实践上却无法把握的点，围岩位移支

护特性曲线虽然解决了隧道围岩结构受力平衡问题，但是较难把握隧道围岩结构的平衡稳定性问题。依据岩承理论的新奥法源于硬岩，虽然强调了硬岩与软岩应用有区别，但在不良地质条件下，对于分支点失稳工程问题，却很难把握围岩与支护结构共同受力平衡状态的稳定性，地下工程施工安全与衬砌开裂现象就说明了其存在的工程风险。

2)代表性工法理念——新奥法

新奥法是由奥地利土木工程师 Rabcewicz、Müller 在 20 世纪 60 年代总结隧道建设实践经验的基础上创立的。自提出后，它的理论基础不断得到完善，隧道支护技术手段不断丰富，在世界隧道设计和施工中获得广泛的应用，当前已被国内外作为隧道结构设计和施工的重要方法，具有很好的适用性和经济性。新奥法的理论基础是“合理发挥围岩自承能力”。以喷射混凝土、锚杆加固为代表和量测技术为主要特征的新奥法，其核心要点是尽可能保护围岩原有强度、容许围岩变形但又不致出现强烈松弛破坏，掌握围岩与支护结构变形动态的隧道开挖与支护原则，使围岩变形的外荷载与限制变形的结构支护抗力保持动态平衡。

新奥法、新意法、挪威法、约束收敛法等岩承理论是建立在岩石实验力学的基础之上，其结构力学分析方法不是很明确，使用中容易忽视，使得支护结构不合理。要体现“合理发挥地层(围岩)自承能力”和“基本维持地层(围岩)原始状态”理念，需要深厚的力学理论知识和丰富的类似工程实践经验相结合，才能真正落实岩承理论的精髓，确保围岩与支护结构共同作用，从而达到“稳定平衡与变形协调控制”。因此，在“合理发挥地层(围岩)自承能力”和“基本维持地层(围岩)原始状态”即“变形协调控制”理念基础上，建立适用多种岩土体结构特征的广义力学稳定平衡方程，重视合理开挖工法、支护结构措施及施工过程控制等研究，确保围岩与支护结构共同作用达到稳定平衡与变形协调控制，这也是地下工程结构设计和安全分析的基本要求，值得我们重新认识和把握。在不良地质条件下，地下工程施工过程中地层(围岩)与支护结构共同作用力的平衡稳定性和变形协调性有时不一定满足，施工单位也难以有效控制，往往产生施工安全事故，因此只好要求规划和设计过程中加以考虑，才能避免类似事故。

1.3 地下工程平衡稳定理论

1.3.1 地下工程平衡稳定理论的建立

不论松弛荷载理论还是岩承理论，在实际地下工程应用中有优势也有不足甚至存在安全隐患。作者通过大量岩石、土体、岩土混合体地下工程结构应力变形状态实验研究表明，图 1.5 中围岩位移支护特性曲线 $P_0 \sim D$ 段与图 1.6中岩土体地下工程结构控制安全边界线对应，$D \sim \sigma$ 段在地下工程设计施工中没有应用意义，在控制安全边界线内，有效利用高限流变应力值，继承松弛荷载理论和岩承理论的精髓，建立地下工程平衡稳定理论具有较好的实践意义。

图 1.6 以淤泥质软土和砂岩为例，对比了土体或岩体在工程应用中应力控制方法和应变控制方法的工程力学特性。虚线为岩体或土体对应原始状态的安全控制边界，即自然安全边界线。虚线内部的受力或变形状态为安全状态（四边形所示状态），超出虚线即认为岩体或土体发生破坏。该状态可以通过工程措施得到一定程度的提高，例如在软土中注浆、在岩体中加锚杆锚索，如果工程结构满足变形协调控制，安全容许范围就会扩大至实线范围。此时，某些原本不安全状态就转化为安全状态（三角形所示状态）。对应于后文中图 1.9，即通过工程措施能够有效利用高限流变应力值。但是值得注意的是，工程措施实施过程必须满足变形协调控制，否则会产生局部应力过大或者变形过大导致结构失稳。只有这样才能保证地下工程结构力的合理传递或转移，以及稳定平衡与变形协调控制。

从图 1.6 还可以发现，地层岩土应力大的应变反而小，因此结构变形协调控制对不良岩土地层地下工程控制变形尤为重要。

需要指出岩土体初始流变应力值与强度值的区别，图 1.7 中土样（以淤泥质软土为例）初始流变应力值为 10～25kPa，强度值为 50～100kPa，初始流变应力值大约为强度值的 20%。而岩样（以砂岩为例）初始流变应力值为 6～9MPa 时开始开裂，初始流变应力值大约为强度值的 60%，远高于土样比例。但在实际工程中，如果应力水平超过初始流变应力值，即使在强度值以内，岩土体也会发生不可回复变形，直接影响地下工程结构力的平衡状态。因此，如果应力水平超过初始流变应力值，就应该通过工程措施加以控制，而不是等到岩土体完全发生破坏以后，导致影响地下工程结构正常工作状态。

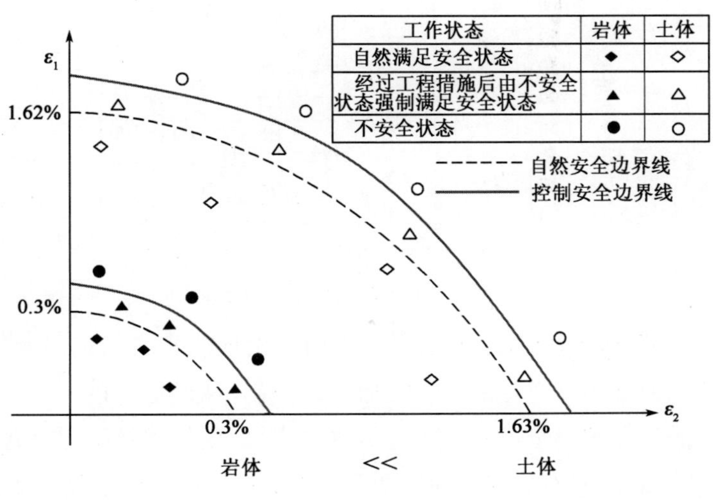

a)

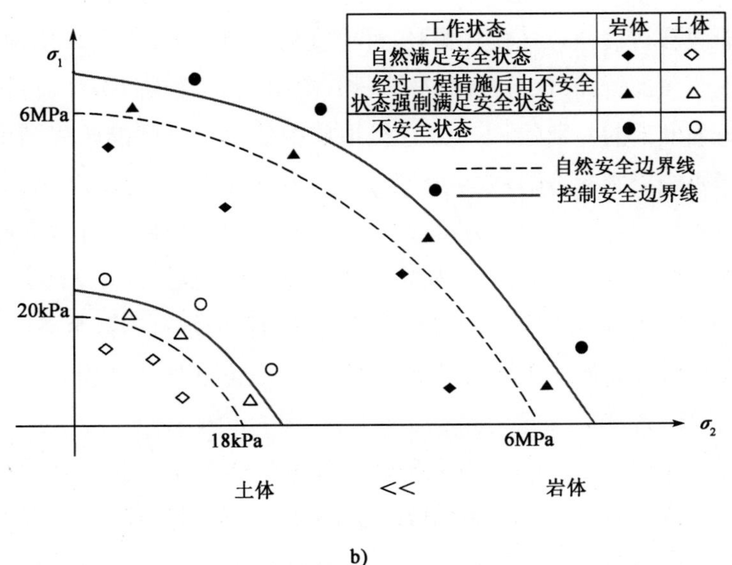

b)

图 1.6　岩土体地下工程结构控制安全边界线

a)应变边界；b)应力边界

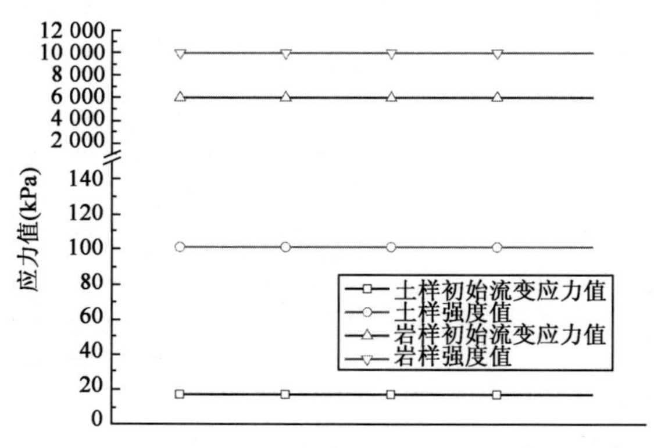

图 1.7　岩土体初始流变应力值与强度值比较

图 1.8、图 1.9 表示，地下工程施工前不论地层水文与地质条件如何，地层原始状态通常满足稳定平衡与变形协调控制，从而地层内任何一点应力变形状态均满足控制安全边界区。施工过程中，地层物理状态应该基本维持地层原始状态，在确保有效控制地层变形条件下合理提高安全范围，可适当越过自然安全边界区达到控制安全边界区（图 1.6），从而有效地利用高限流变应力值（图 1.8）。利用高限流变应力值有两种情况：一是地层（围岩）应力基本不变而向深部转移；二是地层（围岩）可能突变处应力衰减、变形增加，有条件时应力也向深部转移，自行控制继续坍塌（图 1.9）。结构计算中，应区分流变应力值与强度值的差别（图 1.7），这样地层中任何一点就能始终满足稳定平衡与变形协调控制。否则，如果施工过程中不能有效地控制地层变形，结构计算中就不能利用高限流变应力值或强度值（图 1.8），利用现行规范或手册中的岩土强度值进行结构计算（≥初始流变应力值）就容易超出设计安全系数允许范围（图 1.7），施工过程中容易出现不正常结构力学行为甚至事故。

岩质地层或其他地质结构地层，地下工程施工过程的结构力学行为也存在类似情况。

从图 1.6～图 1.9 可知，由完整性较好的岩体力学实验得出的新奥法或约束收敛法特性曲线，往往不能很好地反映软土、破碎岩体、土石混合体等连续性较差地层的地下工程结构力学行为。只有在有效控制地层变形条件下（图 1.6），才能有效利用高限流变应力值（图 1.8、图 1.9），并符合新奥法或约束收敛法特性曲线。因此，可以认为采用“基本维持地层（围岩）原始状态，有效控制地层变形”代替“合理发挥地层(围岩)自承能力”判断地下工程结构力学行为更加合理。

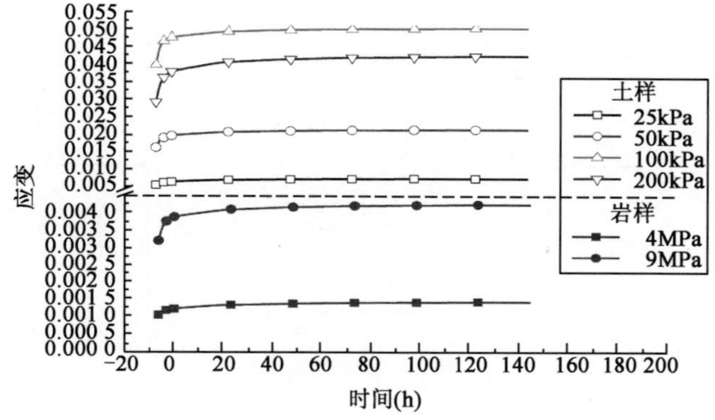

图 1.8　岩土体流变力学特性

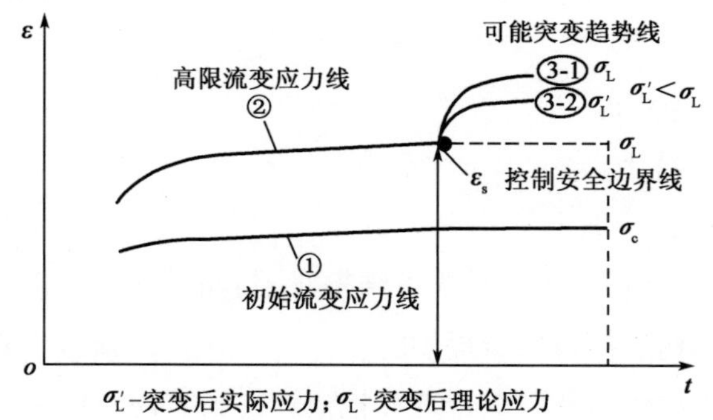

图 1.9　岩土体高限流变应力有条件利用与突变处控制特性图

注：突变后，结构状态发生变化，力会产生转移。

地下工程稳定平衡状态可以抽象并提炼隧道围岩自承力 P、支护抗力 T 和围岩原始内力 P_0 三者之间的力学关系，真实反映隧道“围岩－衬砌”结构体系在开挖与支护(含预支护)过程中的互动过程和相互作用。建立地下工程平衡稳定理论将有助于解决地下工程设计计算方法的合理选用和施工方案的合理制订。

隧道施工开挖形成新的临空面，导致隧道围岩在径向上产生应力释放，而远离隧道地层的应力状态并不发生变化。不失一般性，考虑均匀地应力场，用 P_0 表示初始地应力，如图 1.10 所示。从静力学的原理可知，P_0 由“围岩－支护”结构体系的承载力来平衡。

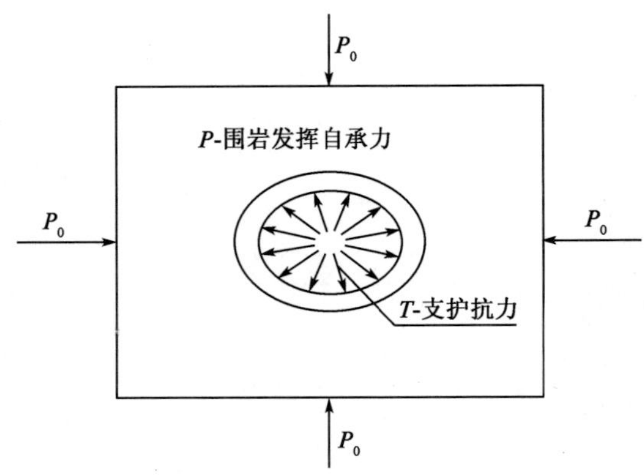

图 1.10 围岩与支护共同作用图

定义围岩预支护力 F 等于“围岩一支护”结构体系的承载力，即：

$$F = T + P \tag{1.1}$$

式中：F——预支护力；

T——支护抗力；

P——围岩自承能力。

因此，隧道预支护力不只是支护结构对围岩的作用力，它是由围岩结构自承能力和支护结构直接对围岩提供的支护抗力共同组成的。围岩结构自承能力可以通过预支护措施和采取合理开挖措施得到维持。

当预支护力大于使围岩发生过大变形或破坏的力时，隧道围岩是处于稳定平衡的，称之为隧道预支护技术。根据围岩稳定的一般原理，地应力是使围岩发生变形和破坏的根本动力，是使围岩失稳的“力源”。因此，隧道预支护技术可进一步表述为：预支护力 F 要始终保持大于隧道施工前保持原始岩体稳定平衡的原始内力 P_0，确保围岩处于稳定平衡状态，即：

$$F > P_0 \tag{1.2}$$

式(1.2)普遍适用解决地下工程稳定平衡问题。各种理论表现形式可以随着“具体问题具体分析”而变化，但式(1.2)是不变的。

隧道在开挖前处于三维应力状态，围岩本身所具有的自承能力是大于原始内力的，围岩处于稳定平衡状态。隧道开挖后，由于临空面的出现，围岩的应力状态发生了调整，径向应力降低，重力、水作用力、膨胀力、构造应力和工程偏应力等使围岩向隧道断面内移动；与此同时，围岩内部结构趋于恶化，导致围岩自承能力降低，如图1.11所示。开挖过程就是围岩卸荷过程，也是引起围岩应力重分布的过程，围岩发挥的自承力是二次应力状态所决定的，是导致围岩移动和破坏载荷的反作用力。围岩的自承能力既是空间的函数，也是时间的函数，具有时空效应。

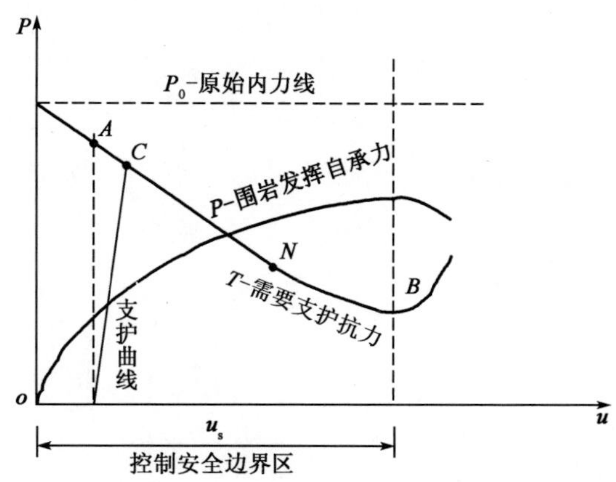

图1.11　地下工程平衡稳定理论的力—位移特征曲线图

总体表述如下：

(1)自承能力好的完整围岩。这种完整围岩自承能力比较大，可以提供维持围岩稳定所需要的承载力，如图1.12a)所示，即使不采取任何支护措施，围岩也能自稳，可以取消系统锚杆，自然满足式(1.2)。

(2)有一定自承能力的围岩。这种围岩的预支护原理的曲线如图1.12b)所示，采用新奥法施工，容易满足式(1.2)；或用有限元初步计算 P_0，然后根据地质情况折算 P，则可以初步估计 T 值，也可以满足式(1.2)。

(3)自承能力差的破碎围岩或软弱围岩。从图1.12c)曲线上可以看出，这种破碎围岩的自承能力相对较小而且在隧道开挖后会迅速下降，围岩形变压力迅速转化为松弛压力，围岩很快进入松弛状态，即很快从非稳定平衡状态向失稳状态转化，因此要求开挖前提供预支护或超前支护，以改善围岩的原始状态提高自承能力，这时围岩自承能力 P 约为0，系统锚杆不起作用，则要求 $T>P_0$。

(4)其他情况可参考(1)、(2)、(3),并依据地下工程平衡稳定理论执行。

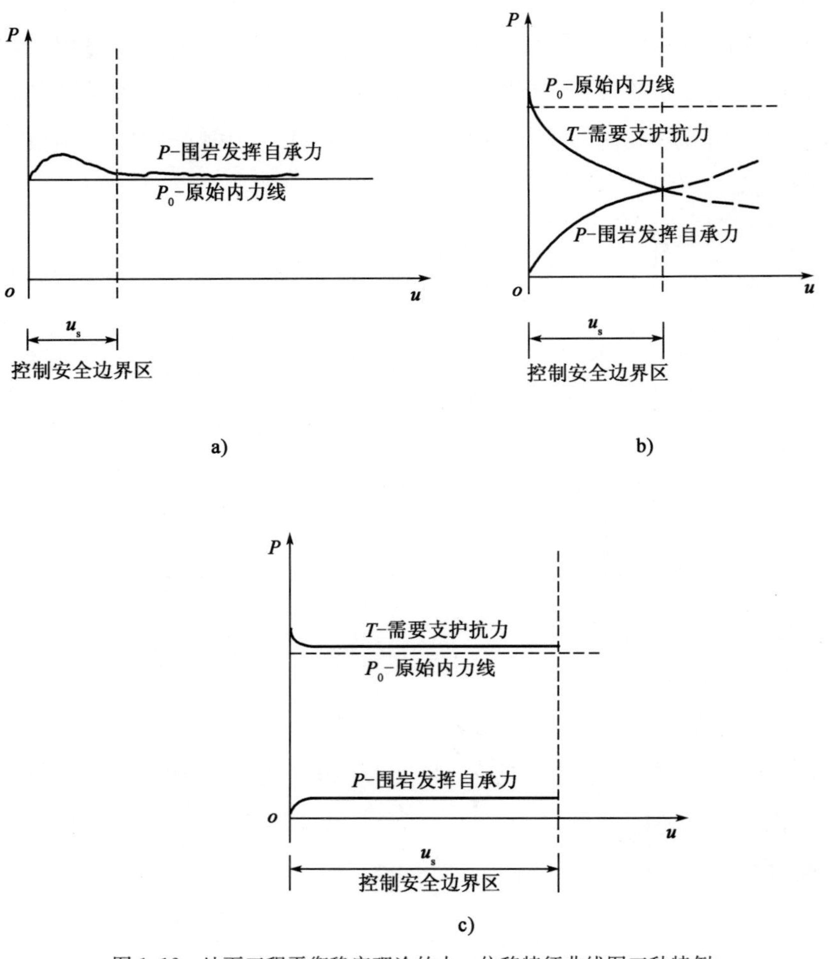

图 1.12　地下工程平衡稳定理论的力—位移特征曲线图三种特例

a)完整围岩;b)有一定自承能力的围岩;c)自承能力很差的围岩

因此,地下工程平衡稳定理论既反映了传统“松弛荷载理论”和现代“岩承理论”的基本内容,又拓宽了平衡稳定性等内容,是地下工程平衡稳定性的新认识、新理念。该成果基于规范但又宽于规范,在已有地下工程建设理论的基础上,把平衡稳定理论应用于地下工程,建立了更加全面的地下工程平衡稳定理论,同时可以较好地解释许多工法和理念的合理性,如取消系统锚杆、合理开挖与支护技术等,能够更好地指导地下工程设计与施工。

1.3.2　地下工程平衡稳定理论的拓展及形式

平衡稳定理论适用一般性隧道工程问题，解释各种设计理论及其施工技术的统一性和适用性问题。对于特殊环境隧道工程问题，除利用已有的太沙基理论、普氏理论及其他适用力学理论外，还需要进行适当拓展。

1)使围岩应力向深部转移

通过适当开挖与支护，使围岩应力逐渐向深部转移，减轻表部围岩应力集中导致的变形或破坏。图1.13为一天然洞穴，该洞穴高200m，宽150m，是符合利用围岩塑性变形使应力集中区向围岩深部转移规律的实例。

图1.13　天然洞穴(高200m，宽150m)

2)围岩平衡状态的转换过程

隧道围岩的稳定是隧道围岩与支护系统共同作用的结果，如果施工开挖支护过程不合理，平衡状态就会发生转换。如图1.14所示，当隧道采用预支护而使围岩基本保持原始状态时，则有：

$$P_1\cos\alpha_1 + P_2\cos\alpha_2 + T = W \tag{1.3}$$

式中：P_1、P_2——围岩之间相互支持力；

W——重力；

T——支护抗力(支护抗力T尽可能小)。

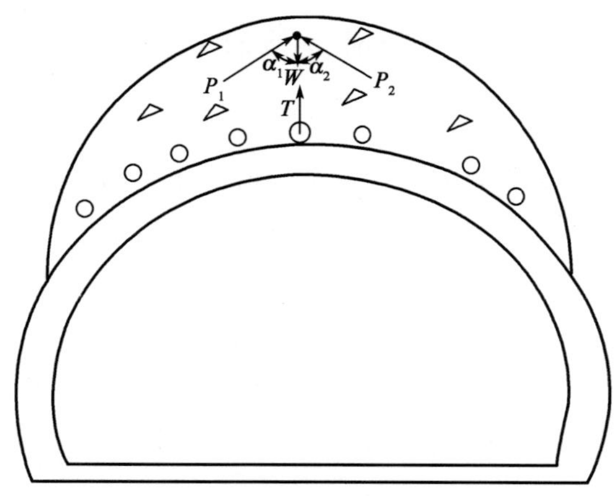

图 1.14 特殊地质围岩隧道预支护技术

破碎围岩等特殊地质隧道开挖后自稳时间短，易形成冒落，通过施加预支护，预支护结构、初期支护和二次衬砌形成支护结构体系共同承载。采用浅埋暗挖法或类似软土隧道盾构施工原理的预支护，可以防止松弛坍塌和产生松弛压力。但其机理与锚喷支护不同，可参照普氏理论和太沙基理论进行设计。由于破碎等特殊地质围岩自稳能力差，且常常伴有地下水的作用，为安全起见，不考虑围岩的内摩擦角 φ 和黏聚力 c 值（即 $c=\varphi=0$）的作用，仅考虑由于预支护而不产生有害松弛的围岩之间相互支持力 P_1 和 P_2 的作用。

当隧道围岩没有采用预支护而发生较大松弛或塌方时，则有：$T \leqslant W$。也就是说，对于破碎等特殊地质围岩，必须采用预支护技术才能确保支护结构承受的围岩压力是形变压力而不是松弛压力。同时，施作预支护时，也必须考虑到预支护的刚度和开挖后喷射混凝土的时间，即时空效应，这些都影响特殊地质围岩的变形，即影响围岩压力的大小和分布情况，因此，选取适当的预支护刚度和喷射混凝土的时间也是十分重要的。

3）基本力学（理论力学、结构力学、能量增量法等）的应用

采用基本力学（理论力学、结构力学、能量增量法等）处理复杂问题时，一定要先从系统角度理解事物并从整体上加以把握，再从整体与局部的关系把握问题，统筹考虑各方面因素，深入分析围岩、环境、支护系统相互作用之间的力学或能量增量模式（$F>P_0$ 或 $\Delta U>\Delta T$），主要状态符合基本力学或能量增

量关系,或通过合理刚度支护系统达到"基本维持地层(围岩)原始状态"和"稳定平衡与变形协调控制",并把复杂力学问题转化为简单力学问题,就可应用基本力学解决地下工程问题。

总之,地下工程建设理念和有效工法分别研究并有机统一,拓宽了研究与应用范围,例如"松弛荷载理论"可以与现代工法结合;"岩承理论"可以与传统工法及更多现代工法结合;"松弛荷载理论"及"岩承理论"也可以拓宽理念或相互融合(完善软土盾构施工理念等),更加适应复杂环境和复杂结构,再与传统工法及更多现代工法结合,能进一步扩大其应用范围。实践发展要求理论创新,犹如计算机系统主板把许多不同功能硬件板卡有机组合起来一样,地下工程平衡稳定理论基于力学分析研究地层支护结构系统的力学状态,用平衡稳定理论把传统"松弛荷载理论"和现代"岩承理论"的基本内容有机组合起来,同时拓宽了许多方面内容,全面体现地下工程平衡稳定性的根本内涵,即 $F>P_0$ 或 $\Delta U>\Delta T$。

1.3.3 地下工程平衡稳定理论的应用

地下工程结构体系满足"变形协调控制"条件的判别方法:现有工程材料的强度破坏准则,无论是经典的摩尔—库仑准则,还是双剪应力屈服准则,乃至统一强度理论,均以应力作为衡量标准。但是对于复杂的地下工程,按工程力学分析结果和应力强度标准判断,有时理论上整体满足条件,实际工程结构仍有可能存在一些问题甚至安全隐患。因此,利用传统破坏准则判别结构是否安全似乎不够全面,还应该增加变形控制条件。对于简单结构体系变形具有确定性,不会产生畸变,但是对于复杂工程结构有时由于构造不合理,容易产生变形畸变等,出现实际状态与设计状态不符。简而言之,对于没有变形协调问题的材料单体或者简单结构,因为已经隐含变形协调条件,所以利用现有判断准则不会出现问题。但是对于复杂结构,并不一定符合变形协调控制条件,所以利用现有判断准则很可能产生变形畸变,进一步影响应力的重分布使之与设计状态不符,导致结构出现积累损伤甚至破坏。

对于复杂工程结构稳定平衡与变形协调控制问题,尽管其本质是判断结构实际受力变形状态稳定性或者分析结构是否超过设计受力变形状态,但是在实际工程应用中,常采用具体的、易测量的变量(例如变形量、自振频率等)

来衡量变形状态稳定性。

因此，地下工程结构也可利用围岩是否满足或是否能有效控制“基本维持岩土体的原始状态”这一条件，来判断地下工程结构体系是否满足变形协调控制条件。若满足变形协调控制条件，则结构实际受力变形状态与设计受力变形状态基本一致；反之，结构实际受力变形状态与设计受力变形状态有差别，容易产生各种问题甚至是意想不到的问题或安全问题。

工程结构体系设计过程中，先借鉴经典工程结构构造特征，初步设计合理工程结构体系，一般情况下能满足“变形协调控制”条件；复杂或特殊情况下可用模型或大比例尺试验进一步验证。

力和能量要有相应物质载体，并具有相应传递或转换路径。结构“稳定平衡与变形协调控制”和“能量合理转换”是统一的，结构变形协调控制又是能量法和力法或位移法结构分析的必要条件。确保“力、变形、能量”按设计路径传递并按设计方式转换，是结构稳定、安全、合理的基本要求，也是维持设计形式不产生有害过程的基础。根据实际情况，分别从“力、变形、能量”三要素中的一个或几个要素入手进行优化，可更好地控制地下工程结构行为。而确保结构的“稳定平衡与变形协调控制”，不仅需要目标控制，更需要围绕目标实现结构安全合理的过程控制，否则结构就会不稳定或破坏。通过对大量国内外经典历史工程用心考察，结合现代力学逻辑分析与判断等，可以得出如下结论：地下工程围岩与支护结构共同作用，在建设使用全过程都必须满足稳定平衡与变形协调控制，使得各受力的组合结构系统由组合或单体受力体转变为整体共同受力，否则会改变原始力学平衡形式或出现非预期的新的力学平衡形式，甚至丧失稳定性；对于无法实现变形协调控制的多个独立受力单元的地下工程组合结构系统，避免连接部分开裂是重点，例如连拱隧道与小净距隧道及多个独立平行斜交连续梁桥，要提高它们的受力独立性。因此，平衡稳定理念就由稳定平衡拓展到稳定平衡与变形协调控制，包括“合理发挥地层（围岩）自承能力”、$F>P_0$ 或 $\Delta U>\Delta T$，以及延伸拓展“基本维持地层（围岩）原始状态”、开挖能量控制技术、强预支护技术、受力独立性综合技术、变形协调控制技术等，以便于更加全面地研究地下工程建设安全等问题。

实现稳定平衡的目标，需要现代施工技术（如新奥法、浅埋暗挖法、挪威法、新意法等)和传统施工技术(如矿山法、太沙基理论、普氏理论等)及适用特殊环境地下工程的其他有效工法作为辅助手段,以及开挖能量控制技术、强预支护技术、受力独立性综合技术、变形协调控制技术等隧道工程建设的技术措施。只有掌握其指导思想和技术措施,才能真正应用好地下工程平衡稳定理论。

2 地下工程平衡稳定理论的关键技术

地下工程各种设计理论和工法，都是一种手段，在当前我国生产力水平条件下，其核心就是“基本维持地层（围岩）原始状态”，达到“合理发挥地层（围岩）自承能力”的目的，也就是地层（围岩）与支护结构共同作用达到“稳定平衡与变形协调控制”，在这一点上各种设计理论和工法是一致的。

地下工程平衡稳定理论，不仅是力学理论的阐述，而且提出了施工工法要求。其较好地表达了地下工程结构设计与施工的基本理念，阐述了不同设计理论和工法的适用性和一致性，强调了地下工程结构设计细节和合理施工工艺的重要性等，最终回归到“复杂问题简单化”理念，正像 Timo Shenko 力学理论就是直接把各种复杂边界条件力学问题做简化处理，从而方便把握工程物理概念，有利于地下工程设计施工。

2.1 开挖能量控制技术

2.1.1 开挖能量控制技术的基本思想

土质或软弱松散围岩隧道施工中常采用分部施工留核心土工法、CD 法（中隔墙法）、双侧壁导坑法（眼镜法）、CRD 法（交叉中隔墙法）等工法，这些工法基本无需或只需少量爆破，常采用机械和人工开挖施工，石质隧道目前主要采用钻爆法施工。这两种隧道施工过程消耗的能量 E 都可表达为三部分：

$$E = E_1 + E_2 + E_3 \tag{2.1}$$

式(2.1)中，E_1 为破碎隧道断面内岩体与抛掷碎石耗能或机械和人工施工的耗能,是有效耗能;E_2 为对围岩及预支护结构扰动及保持围岩变形临界稳定的耗能和恢复破坏与变形不稳定围岩稳定性的耗能;E_3 为其他耗能,其量值小,一般可忽略不计。

石质隧道施工中,实施爆破需要解决两个同等重要的问题:一是用最有效的方法将隧道断面内的岩石适度破碎,并将碎石适度抛掷;二是降低爆破对围岩的扰动,最大限度地维持围岩原始状态,有利于隧道的长期稳定。其开挖能量控制技术可表述为:在实现爆破效果良好的前提下,对围岩及预支护结构扰动耗能 E_2 最小的施工开挖方案最优,对围岩扰动最小。

土质或软弱松散围岩隧道施工中,采用分部施工留核心土等工法,其核心是控制围岩变形,以实现基本维持围岩原始状态的目标,否则隧道围岩局部失稳破坏会诱发更大范围的围岩失稳破坏。对于此种情况,保障隧道建设消耗能量最小的基本要求是防止围岩产生大范围的破坏。当围岩发生破坏后,重新实现围岩稳定性所需要做的功将远大于预支护维持围岩稳定所需做的功。因此,采用机械或人工开挖方式施工隧道,能量消耗主要是开挖洞体的能量消耗和预支护结构实施的能量消耗。施工过程中需要解决两个重要的问题,一是降低施工过程对围岩及预支护结构的扰动,最大限度地维持围岩的原始状态及发挥预支护结构的效能;二是防止施工过程中产生大范围岩土体的失稳。因此,对于土质或软弱松散围岩隧道,开挖能量控制技术表述为:在实现分部施工及支护结构控制围岩变形良好的前提下,对发生破坏或变形不稳定围岩恢复稳定的耗能 E_2 最小的方案最优。

2.1.2 开挖能量控制技术的应用

1)导坑超前+扩挖施工法

在大断面隧道施工中,采用钻爆法或小型掘进机先行施工一个导坑(图2.1),然后用爆破方法进行扩挖。此时扩挖是在有导坑临空面条件下进行的,爆破临空面大,夹制作用小,爆破耗能少,大大降低了对隧道围岩的扰动。

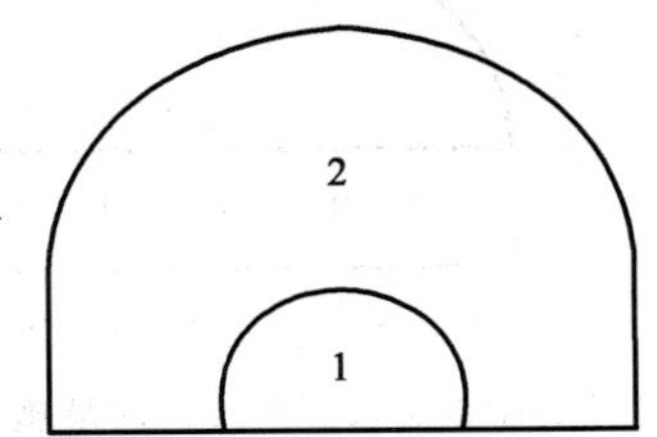

图 2.1 导坑超前+扩挖施工法

2)硬岩应采用光面爆破而不宜采用预裂爆破

光面爆破是先爆破中央部分时对围岩影响

较小，后爆破周边时已有临空面对围岩影响也较小。因此，在岩体强度较高的情况下，应采用全断面光面爆破。而预裂爆破是在隧道施工爆破前，预先沿设计轮廓爆出一条具有一定宽度的裂缝，当主爆区爆破时，裂缝对应力波起到反射作用，减少应力波对围岩的破坏作用。采用轮廓孔爆破时，围岩和断面轮廓线内的岩石对爆破具有相同的夹制作用，爆破对围岩的破坏作用较大，特别是在岩石强度较高的情况下，轮廓孔装药较多，耗能较大，破坏作用更为明显，当围岩存在节理裂隙而容易产生掉块导致安全事故时，更不宜采用预裂爆破。

3)软弱围岩弱爆破分步施工

在隧道施工中，经常遇到强度低、易风化、破碎的软弱围岩，在隧道围岩稳定性分级中属于稳定性较差的Ⅲ、Ⅳ、Ⅴ级围岩，易出现坍塌等工程事故。实践表明，爆破工序对此类围岩的稳定性有重要影响，爆破震动经常是围岩坍塌的诱导原因。因此，应降低爆破震动强度，尽可能减轻对围岩的扰动，最大限度地维持围岩的原始状态。

软弱围岩隧道一般采取台阶法施工。上部台阶施工时拱部采用光面爆破，岩石自重有助于拱部岩面沿周边眼的开裂，适当降低炸药消耗，降低耗能，既能保证爆破效果，又有利于降低周边眼起爆对围岩的震动强度。在下台阶施工时，为了及时对围岩支护，需要先施工边墙部分，施工顺序如图 2.2 所示。因岩体强度低，此时采用弱爆破即可实现施工，对边墙围岩的扰动较小。

在隧道断面内岩石性质差别显著时，要注意调整施工方案。如果上部岩体软弱而下部岩体坚硬时，下台阶分部施工顺序要相应调整，应采用如图 2.3 所示的施工顺序。如果按图 2.2 所示的施工顺序，下台阶两侧岩体(边墙)水平方向受到较强的夹制作用，由于岩石坚硬，需采用较强的爆破才能破碎岩体，耗能较高，相应对围岩的扰动也较显著。

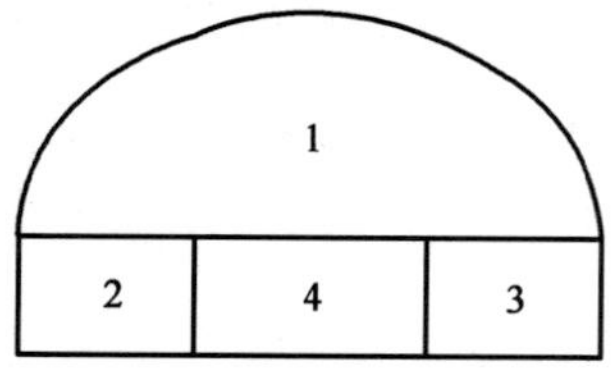

图 2.2　上下台阶法施工顺序

1-上台阶施工与支护；2-左边墙施工与支护；3-右边墙施工与支护；4-下台阶施工与支护

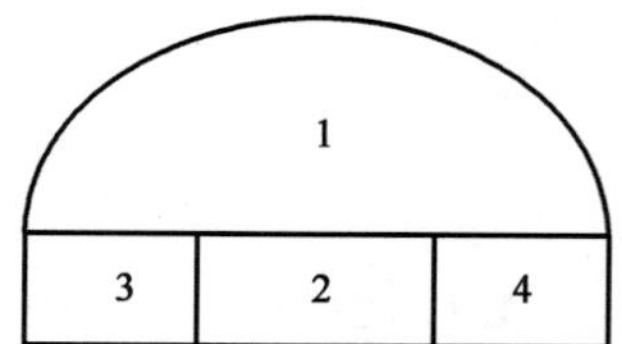

图 2.3　下台阶是硬岩时施工顺序

1-上台阶施工与支护；2-下台阶中部施工；3-左边墙施工与支护；4-右边墙施工与支护

4)选择合理的开挖方式

为了减少同段开挖的装药量,控制爆破规模,可采用台阶法施工。由于城市隧道大多为浅埋,上半断面围岩软弱,爆破所需药量较少(甚至可由人工开挖),上半断面爆破后形成有利于下断面爆破的临空面,从而便于减震,如图2.4a)所示。对于较硬的地层,可采用反台阶法预留光爆层施工。将掏槽放在最底部,以增加掏槽部位的爆心距。

如图2.4b)所示,施工时先开挖下工作面Ⅰ,然后再开挖上部断面,这样爆破上部断面时,由于具有良好的临空面,光爆效果好,震动量也小。掏槽部所在区域每炮循环进尺控制在2.5m左右,中间层每炮循环进尺控制在2m左右;预留光爆层厚1m左右,每炮循环进尺控制在2m左右,掏槽眼所在区+光爆层、掏槽眼所在区与中间层轮流起爆,保证掏槽眼所在区炮一响即有进尺,进尺约为1m,而中间层、光爆层间隔轮流进尺约为2m。

当围岩较不稳定时,特别是半土半岩断面时,应用正台阶法开挖,即先用人工开挖上部土层,在拱部形成一道减震槽,以阻挡震动波向上传播,然后再用爆破法开挖下部岩石,如图2.4c)所示。

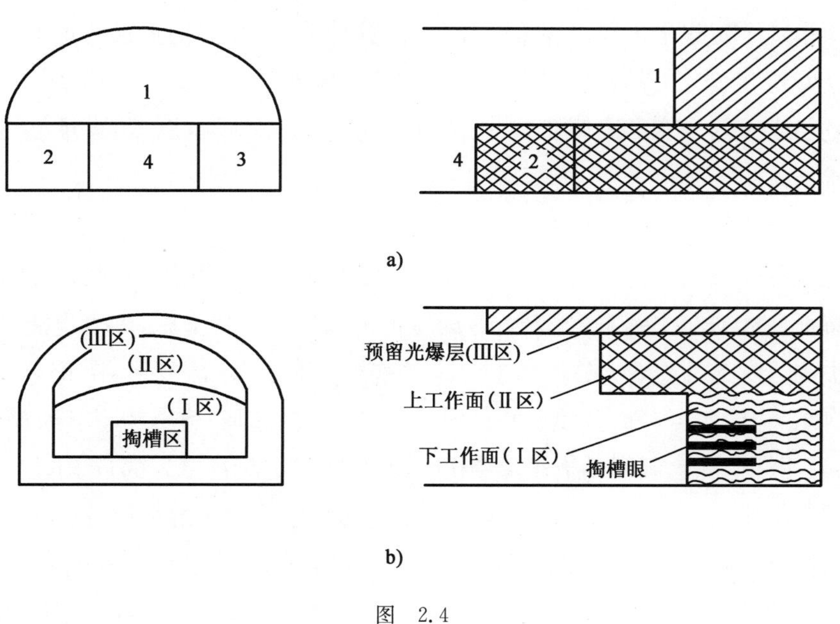

图 2.4

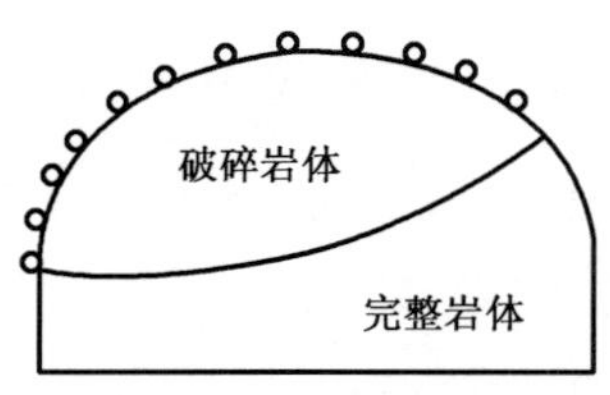

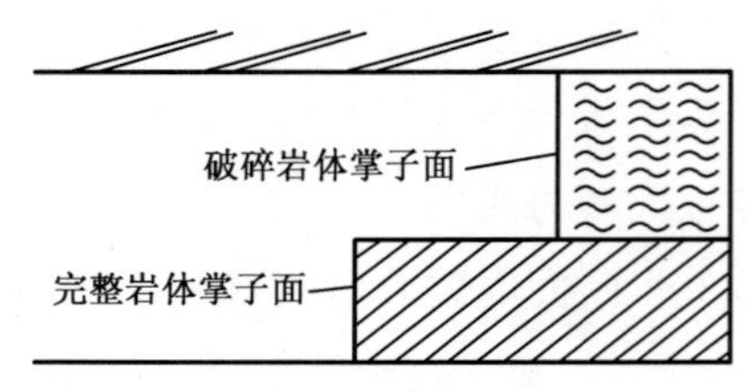

c)

图 2.4　爆破开挖方式示意图

a)工况为上软下硬围岩;b)工况为较硬围岩;c)工况为半土半岩围岩

2.2　强预支护技术

2.2.1　强预支护技术的基本思想及表现形式

隧道支护结构是要解决如何有效地控制围岩变形问题,既要允许围岩有一定的变形(也包括结构的变形),不要试图阻止围岩变形,使支护承受过大压力,又要防止围岩过大变形,发生垮塌。应在适宜的时机,构筑适宜的支护结构,避免在围岩中出现不利的应力状态。

由地下工程平衡稳定理论可知:不论哪种情况,预支护力都要足够大,才能使隧道"基本维持地层(围岩)原始状态"。保持围岩与支护结构共同作用,达到稳定平衡与变形协调控制,也是隧道"合理发挥地层(围岩)自承能力"的基础。

1)自承能力好的完整围岩

这种完整围岩自承能力比较大,可以提供维持围岩稳定所需要的承载力,其特征曲线如前文图 1.12a)所示,即使不采取任何支护措施,围岩也能自稳。这类围岩隧道开挖要允许围岩有一定的变形,因为一定的变形有利于发挥围岩自承力,因此可以提供较小的支护力。在许多省道或县道,为了节约建设成本,采用开挖完毛洞或只施作少量初喷混凝土,充分利用围岩的自承能力来维持洞室的稳定,如图 2.5 所示就是很好的实例,另外如龙游石窟、西北黄土高原的窑洞、地道战时修建的地道等都属于这种情形,类似挪威法的硬岩+喷锚等应用情况。

图 2.5　开挖后完全能够自稳

2)有一定自承能力的围岩

对有一定自承能力的围岩,其预支护原理的曲线如前文图 1.12b)所示,围岩的自承能力初期大于原始内力 P_0。隧道开挖后,围岩不会立即松弛垮塌,围岩压力还处于形变压力阶段,围岩处于非稳定平衡状态,随着变形不断增大,围岩内部结构和应力状态在不断地调整,围岩的自承能力得到发挥并呈下降趋势。支护的目的就是要使围岩从非稳定平衡状态向稳定平衡状态转变,然而支护时机的选择非常重要,从图 2.6 中可以看出,如果支护过早就不能合理发挥围岩的自承能力,这时要使围岩从非稳定平衡状态向稳定平衡状态转变则需要的支护抗力就比较大;如果支护过迟,围岩压力由形变压力转换为松弛压力,围岩从非稳定平衡状态转化到失稳状态,围岩发生松弛,容易引起大面积坍塌。图 2.6 为某隧道中支护过迟所引起的坍落事故。

图 2.6　隧道开挖后洞室发生垮塌

3)自承能力差的破碎围岩或软弱围岩

从前文曲线图 1.12c)上可以看出,这种破碎围岩的自承能力相对较小而且在洞室开挖后会迅速下降,围岩形变压力迅速转化为松弛压力,围岩很快进入松弛状态,即很快从非稳定平衡状态向失稳状态转化,所以要求开挖前提供预支护或超前支护,以改善围岩的原始状态,提高自承能力。经过处理的隧道开挖后围岩仍处于非稳定平衡状态,但其自承能力有了较大提高,不会瞬时垮塌,这为我们进行初期支护赢得了时间。此类围岩初期支护必须采用刚性支护而且必须及时,另外,隧道开挖后由于此类围岩是处于比较敏感的非稳定平衡状态,或者说抗干扰能力较差的非稳定平衡状态,初期支护顺序对其状态的改变是非常敏感的,合理的选择支护顺序对其从非稳定平衡状态向稳定平衡状态的转变是非常重要的。图 2.7 为某隧道开挖后支护不及时或支护刚度不足所发生的破坏。

图 2.7 支护滞后导致围岩失稳

根据预支护技术,在二次衬砌施加以前,初期支护与围岩共同组成承载体系,初期支护的承载力是预支护力的重要组成部分,起着重要作用。如浅埋暗挖法要求初期支护是施工期间的承载结构,承受施工期间的主要荷载(土压力、部分水压力)。二次衬砌和初期支护共同承担永久荷载。

保持破碎围岩的初期支护强度,同样十分重要,如乌竹岭隧道Ⅲ级围岩洞段坍塌事故的原因就是初期支护强度不足所致,该洞段采用了柔性支护结构形式,初期支护施加一段时间后喷射混凝土开裂[图 2.8a)],再一段时间后突然坍塌[图 2.8b)]。这一工程实例说明，在软弱围岩中修建隧道时，设计时应该遵循“初期支护要强，承受部分水压和全部土荷载，而浅埋和海底隧道则承受全部水荷载和土荷载，二次模筑初砌作为安全储备”的理念。

a)

b)

图 2.8　初期支护破坏情况

a)初期支护开裂；b)坍塌

在Ⅳ、Ⅴ级破碎围岩条件下，分部开挖是大断面的隧道、连拱隧道、小净距隧道常用的施工方法。如破碎围岩隧道施工时，围岩容易冒落，导致衬砌载荷的显著增大。理论研究表明，通过分部开挖，缩小单次开挖断面，可以降低围岩应力集中程度，减少围岩吸收的变形能，实现开挖后围岩在短时间内能够保持稳定，为施加支护创造了有利条件。

4)特殊环境隧道开挖问题

预支护技术是针对一般性隧道工程问题，解释各种设计理论及其工法的统一性和适用性问题。对于特殊环境隧道工程问题，除利用已有的太沙基理论、普氏理论及其他适用力学理论外，还需要适当拓展。下面以锦屏二级水电站引水隧洞等为例简要说明。

锦屏二级水电站利用 150km 雅砻江锦屏大河湾的天然落差，截弯取直开挖隧洞引水发电。电站具有世界上规模最大的水工隧洞，工程难度主要体现在 4 条长约 16.6km 引水隧洞的设计和施工上。引水隧洞开挖洞径 12m，衬砌后洞径 11m。隧洞一般埋深为 1 500～2 000m，最大埋深达 2 525m。即使不考虑构造应力影响，对于埋深达 2 525m 的洞段，仅上覆岩体自重应力就达到 68MPa。如果按弹性力学理论计算，即使仅考虑隧洞开挖引起 2 倍应力集中，洞壁围岩的最大应力就将达到 136MPa。引水隧洞围岩以大理岩为主，抗压强度仅为 80～120MPa。因此，围岩应力将超过岩块的抗压强度，而岩体强度还远低于岩块的强度。同时，引水隧洞围岩中还存在超过 1 000m 的外水压力。因此，锦屏电站深埋长大引水隧洞开挖引起围岩较大范围的塑性破坏是在所难免的。针对超高的地应力场环境，允许围岩产生一定范围的塑性破坏是必然的选择。支护设计和施工控制的基本要求是：因势利导，控制塑性变形区域的扩展不出现有害的后果，利用围岩塑性变形降低围岩应力的集中程度，并使应力集中区向围岩深部转移，有利于减小支护结构的受力水平（实际上日本探测船从海底钻探 7 000m 深地层就是如此）；也可借鉴自然遗产工程的启示而得到符合现代力学知识的做法（例如图 2.9 所示溶岩管洞穴，贵州双河溶洞目前已探明长度约 117km，是一个由上百支洞和多条地下河构成的喀斯特溶洞，也符合利用围岩塑性变形使应力集中区向围岩深部转移的规律）。无论选用怎样的工法，一个共同的目标就是要用最经济的手段维持隧道围岩的稳定，保证洞室的安全施工。

图 2.9　溶岩管洞穴

2.2.2　强预支护技术在自稳性好围岩中的应用

Ⅰ、Ⅱ、Ⅲ级硬质围岩及稳定性较好的Ⅳ级围岩，通常为完整程度较好的岩体，洞室开挖后，围岩的整体稳定性一般较好，结构面强度成为围岩稳定性的关键因素，锚喷支护起到稳定围岩、控制围岩变形、防止围岩松弛和坍塌及产生“松弛压力”的作用。根据围岩地质情况的不同，锚喷支护设计理念可分为两种情况:①对于Ⅰ、Ⅱ、Ⅲ级硬质完整围岩,按《公路隧道设计规范》(JTG D70—2004)确定支护参数即可;②对于稳定性一般的Ⅱ、Ⅲ级其他硬质岩石及稳定性较好的Ⅳ级围岩,需采用围岩和支护相互作用理论进行稳定性分析。

1)完整硬质围岩

对于Ⅰ、Ⅱ、Ⅲ级完整硬质围岩,属于预支护原理分析的第一种情况,隧道开挖后围岩的自承能力大于原始地应力,围岩本身能够自稳。这时围岩的稳定性只需要考虑局部掉块或岩爆,预支护技术是通过锚喷使关键块体成为稳定块体。关键块体判别的手段主要还是依靠工程技术人员的实践经验和现场直观判断能力以及现场监测手段。初期支护参数的确定可以依据《公路隧道设计规范》(JTG D70—2004)的规定选择,不必进行围岩压力计算和支护参数设计。

2)Ⅱ、Ⅲ级围岩及稳定性较好的Ⅳ级围岩

对于稳定性一般的Ⅱ、Ⅲ级其他硬质岩石及稳定性较好的Ⅳ级围岩,是属于预支护技术分析的第二种情况。由前文中图1.5可以看出,预支护技术是通过柔性支护,使$F>P_0$,既允许围岩有一定的变形,又为围岩提供了一定的支护抗力,使围岩从非稳定平衡状态向稳定平衡状态转变。柔性支护主要通过锚喷支护来实现,根据实际情况也可以采用与金属网、钢架等支护构件组合成锚喷网、锚喷架、锚喷架网等多种组合形式。

根据岩体结构控制论的观点,隧道围岩的稳定性主要受岩体结构的控制,围岩的变形主要是结构变形,围岩的破坏主要是结构破坏,锚杆的强化作用机理和强化作用大小都与岩体的结构密切相关,因此应区分不同的岩体结构开展研究。

(1)块状结构岩体

岩体中存在多组结构面,结构面的存在及其强度往往控制着岩体的强度及稳定性。块状结构围岩的结构失稳过程是从表面局部岩块掉落开始。在不施加支护情况下,图2.10中块体1~5逐一掉落,这一过程是结构失稳过程,主要取决于结构面的贯通情况、倾角、粗糙度和地下水条件等。喷锚支护的作用在于通过自身受拉受剪控制结构面的张开和滑动,阻止岩块的掉落,维护围岩的原始接触关系和原始强度。

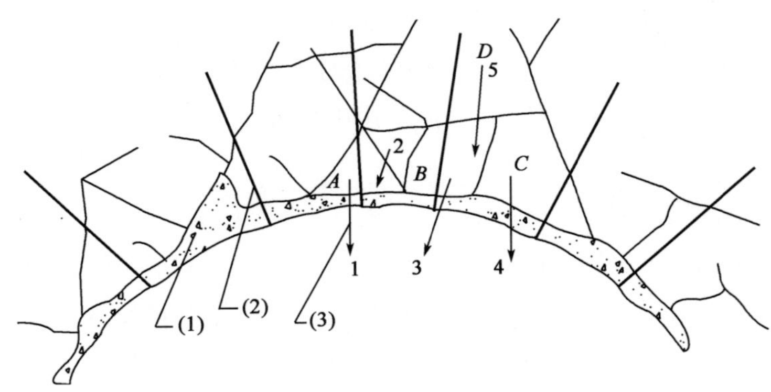

图 2.10 块状围岩锚喷支护技术示意图

(1)砂浆;(2)锚杆;(3)块体潜在坍塌方向;1、2、3、4、5 为潜在块体坍落次序

(2)层状结构岩体

层状结构岩体中隧道围岩失稳情况如图 2.11 所示。岩层失稳形式以溃屈、铰接拱变形失稳为主。孙广忠于 20 世纪 80 年代提出了梁柱溃屈模型,该模型适用于跨厚比较大而纵向应力较高的情况。

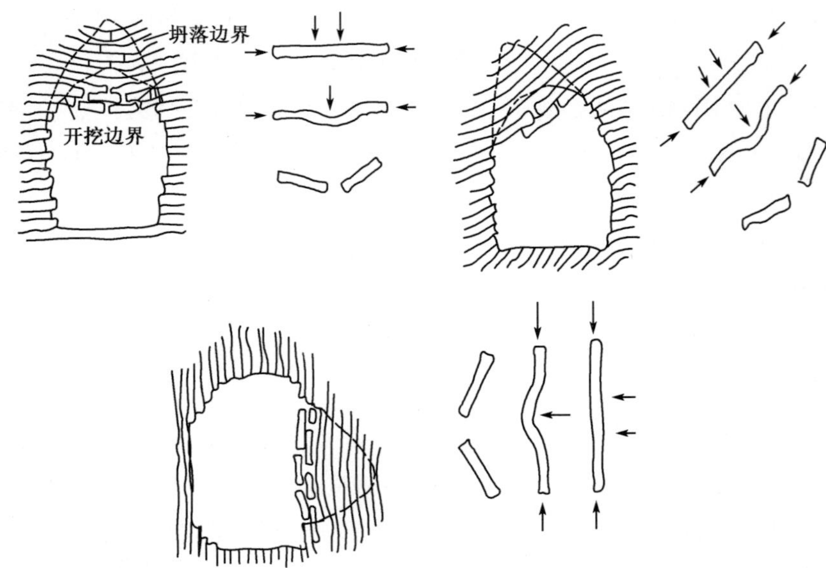

图 2.11 层状岩体失稳形式

组合梁作用理论认为锚杆将层状岩石锚固起来,有利于控制岩体结构变形和失稳。

总之，锚杆的主要作用是控制围岩结构变形和失稳，按岩体结构分类研究锚杆支护机理，图 2.12 为层状岩体锚杆的优化布置形式。

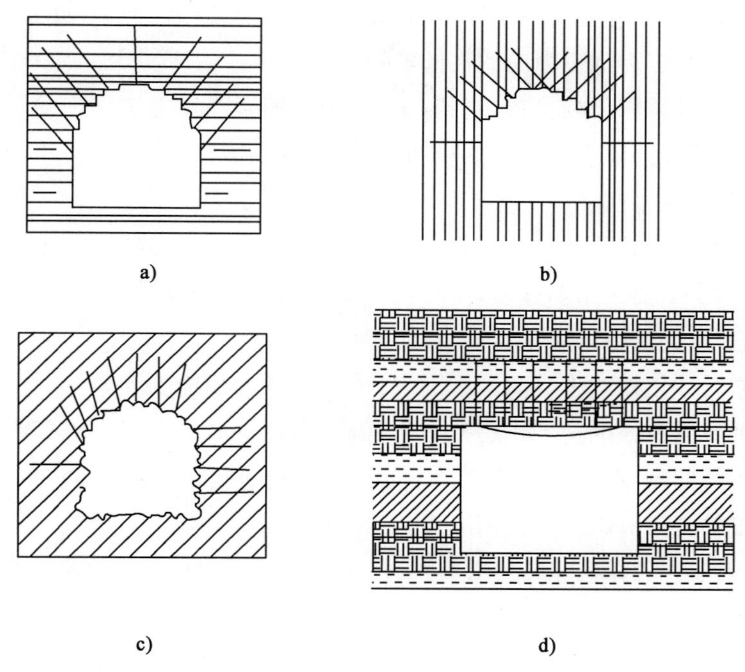

图 2.12 锚杆优化布置(引用关宝树的构思)

3)锚杆、喷射混凝土协同作用

(1)内部支护和表层支护的结合，锚杆能够深入到围岩内部，对锚固层厚度范围内的岩体进行强化，喷射混凝土则是在围岩表面施加支护。

(2)局部加强支护和普遍支护的结合，锚杆对施加部位的岩体直接强化和维护，喷射混凝土则是对整个隧道表面普遍支护。

(3)构件几何形式上点、面的结合，锚杆是点支护，喷射混凝土是面支护。

锚杆是从内部强化围岩，促使围岩形成承载结构。喷射混凝土能密贴围岩，对围岩形成径向的压力和环向剪力，提高表面围岩的环向压力，阻止表面块体的脱落。

2.2.3 强预支护技术在深埋自稳差围岩中的应用

深埋破碎围岩自稳性差，特别是拱部围岩，围岩自稳时间很短或基本没有自稳时间，在隧道施工失去支承后极易发生坍落，形成工程事故。如何在此类围岩中安全经济地施工隧道一直是工程界关注的问题。

预支护结构中的锚杆、小导管、管棚、插板等金属构件与周围的注浆体或岩土体共同组成沿隧道纵向的构件，在断面内各构件组成拱形的连续壳体，壳体承担上方破碎围岩的自重，起到支护作用。围岩在发生位移之前即受到维护，围岩自承能力得到提高，在一定时间内实现围岩自稳，为进一步施加支护和衬砌创造了条件。

对于稳定性较差的Ⅲ、Ⅳ、Ⅴ级破碎围岩，应采用预支护或分步施工并及时支护，施工时要采用弱爆破，应尽可能减轻对围岩的扰动，基本维持围岩的原始状态，达到维持围岩稳定的目的。

对稳定性较差的Ⅲ、Ⅳ、Ⅴ级围岩，下导洞适度超前预支护全断面施工方法是一种行之有效的技术，取得了良好的技术经济效益。根据破碎围岩类型应采取不同的预支护方案，这也是下导洞适度超前全断面施工方法的前提，常用的预支护方案有以下几种情况：

(1)对于Ⅳ级围岩稳定性较好的硬岩，可用超前锚杆和超前小导管注浆配合格栅拱预支护，才能进行下导洞适度超前全断面施工作业。

(2)对于Ⅳ、Ⅴ级围岩稳定性较好的软岩，可用超前短管棚(小钢管)或插板配合钢拱架预支护，才能进行下导洞适度超前全断面施工作业。

(3)对于Ⅳ、Ⅴ级围岩稳定性较差的软岩，可用超前长管棚或插板配合钢拱架预支护，才能进行下导洞适度超前全断面施工作业。

(4)对于下述特殊情况，宜采用刚性支护(背板法)或改良地层后，才能进行下导洞适度超前全断面施工作业：

①未胶结的松散岩体或人工堆积碎石土；

②浅埋但不宜明挖地段；

③膨胀性岩体或含有膨胀因子、节理发育、较松散岩体；

④地下水活动较强，造成大面积淋水地段。

对于上面四类不良地质条件的隧道开挖，不宜直接使用锚喷支护，而宜采用浅埋暗挖法或类似软土隧道盾构施工原理的刚性支护，如采用超前管棚、小钢管或插板、钢拱架和喷射混凝土的联合支护体系，或改良地层的办法加固围岩。其核心是只允许水分流失，但要控制或限制固体颗粒流失，并采用短开挖强预支护，达到基本维持围岩的原始状态，尽可能减少和约束围岩的不利变形，才能合理发挥围岩的自承能力。

工程实践证明，未胶结类土状围岩的山岭隧道，若工序紧跟，衬砌背后回填密实，施工质量好，土体压力就会相应减小直至为零，如西北老黄土窑洞和华北地道战的地道就是例证；而水下隧道衬砌在地下水位以下部分是不允许有空洞的，必须回填注浆密实(模型试验也证明了这一点)，或改变目前常用的防水板设计方案，采用直接在初期支护上喷防水材料，再用泵送混凝土做好二次支护，防止二次衬砌脱空。

对于Ⅴ级、Ⅳ级、稳定性较差的Ⅲ级围岩及特殊地质围岩，可采用类似软土隧道盾构施工预支护或改良地层设计方法，起着稳定围岩、控制围岩应力和变形、防止松弛坍塌和产生“松弛压力”的作用。但其机理与锚喷支护不同，可参照普氏理论和太沙基理论进行设计。由于特殊地质围岩自稳能力差，且伴有地下水的作用，为安全起见，不考虑围岩的内摩擦角 φ 和黏结力 c 值(即 $c=\varphi=0$)的作用，仅考虑由于强预支护而不产生有害松弛的围岩反力 P_1 和 P_2 的作用。

有些隧道破坏事例的设计是参考《公路隧道设计规范》(JTG D70—2004)拟定支护设计参数，且仅考虑锚喷支护作用。隧道初期支护施工完成后，二次衬砌施工前发生塌方(图 2.13)，说明在这种情况下规范是有局限性的，而宜采用类似软土隧道盾构施工的隧道预支护力学理论来拟定预支护参数(图 2.14)，可减少或避免类似事故的发生。

a)

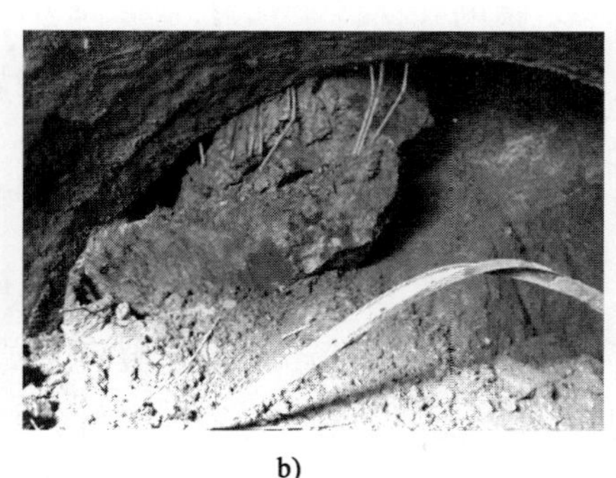

b)

图 2.13 依据规范拟定支护设计参数产生的隧道塌方事故

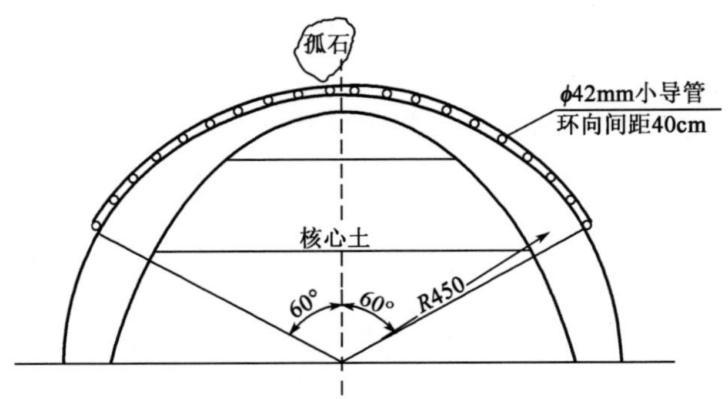

图 2.14 强预支护确保隧道开挖安全(尺寸单位:cm)

1)深埋破碎岩体中支护结构的理论计算

无论是在深埋还是浅埋破碎岩体中开挖隧道,在进行支护设计时,围岩压力的确定是个关键。首先按几种不同的方法来确定围岩压力,然后再对钢拱架的受力进行分析。计算方法可采用普氏理论计算。

(1)根据统计理论计算

原铁道部有关部门曾通过对单线铁路隧道 357 个塌方调查数据进行统计,以算术平均值作为数学期望值,得出了各类围岩的塌方统计高度,如表 2.1 所示。

表 2.1 各类围岩的塌方统计高度

围岩级别	Ⅰ	Ⅱ	Ⅲ	Ⅳ	Ⅴ	Ⅵ
塌方高度 h(m)	0.65	1.29	2.4	4.32	9.6	19.2

坑道的开挖高度为 H,宽度为 B,令 $h=n(B+H)$。通过统计资料可以得出荷载系数 $n=0.043e^{0.64(S-1)}$(S 为围岩类别),支护结构的设计荷载为 $q=\gamma n(B+H)$。

(2)围岩压力的确定

在实际隧道支护结构的设计计算中,我们要把计算出的围岩压力进行一定的折减。一般情况下,对于破碎围岩段,钢拱架是隧道开挖后及时架设上去的,这样就能限制松弛范围的不断扩大,钢拱架实际支撑的压力是较统计的坍落区域岩体的重力要小的,按照相关文献确定的各类围岩的压力折减系数如表 2.2 所示,将折减后的荷载 $p=\mu q$ 用于钢拱架的内力计算分析。

表 2.2 各类破碎围岩的围岩压力折减系数 μ

围岩级别	Ⅲ	Ⅳ	Ⅴ	Ⅵ
μ	0.3	0.4	0.6	0.7

(3)钢拱架的受力验算

目前在隧道施工中,对破碎围岩段或塌方区域一般采用钢支撑,因为钢支撑的最大特点就是架设后能立即承载,能控制围岩松弛和塑性区继续扩大或变形迅速发展。规范规定钢支撑的间距最大不应超过1.5m,一般可取1.0m,对破碎围岩段应视具体情况适当减小。

隧道施工过程中,可利用锚杆和钢拱架共同作用形成承载拱来增加初期支护刚度,通过施工加长锚杆注浆以稳定岩体。当遇特别破碎地段时,可适当缩小钢拱架之间的间距。

这样按规范初选钢拱架型号后,再利用围岩压力进行验算,计算的初选钢拱架安全系数在设计允许范围之内就合格;否则,应重新选择钢拱架型号以满足要求。

2)下导洞适度超前预支护全断面施工方法

工程实践表明,Ⅲ、Ⅳ、Ⅴ级围岩隧道在预支护下,采用下导洞超前(3～5m)短进尺(1～2m/次),然后全断面施工方法是经济可行的(图2.15)。

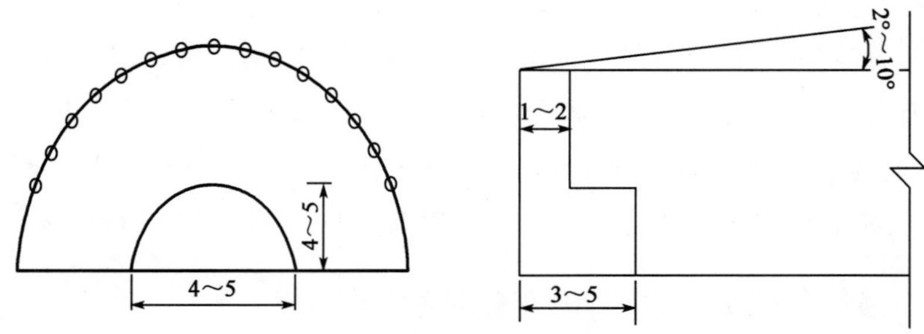

图2.15 下导洞适度超前全断面施工方法示意图(尺寸单位:m)

(1)下导洞适度超前全断面施工方法的依据

①在不良地质情况下,下导洞超前(3～5m)起到超前地质预报作用,便于采取应急措施,处理不良地质问题,防患于未然。

②当地下水较丰富时,利用超前下导洞降低地下水水位效果较好,对于大断面隧道尤为适用。

③下导洞因跨径小，围岩自稳能力增强，临时支护省，易及时修筑仰拱形成封闭结构。

④便于机械化作业，出渣、运料在隧底平面进行，没有二次搬运。且爆破临空面大，夹制作用小，爆炸耗能小。根据能量守恒原理，这种隧道施工，做功最小。因此，各种消耗也最省，对隧道围岩损害也最小。

⑤对同时跨越几级围岩的有多种地质条件的隧道施工，可以不变换施工机械、作业台等，机械利用率高。

⑥应加强环向钢拱架支撑，以增大整体刚度。就像铁路钢轨与枕木间距的关系一样，重点在于减小枕木间距和增加枕木刚度。

(2)破碎围岩预支护应注意的问题

Ⅳ级围岩预支护措施：对于节理、裂隙发育，有地下水活动，围岩稳定性较差的地段，最好采用超前小导管预注浆，这样可以起到密实围岩，达到加固围岩和阻水的作用。在有地下水活动的地段，先锚后灌式中空砂浆锚杆不易实现，最好采用早强水泥砂浆锚杆或部分快硬水泥全长黏结式锚杆，以便及时起到加固围岩的作用。

Ⅴ、Ⅵ级围岩预支护措施：对于堆积碎石土和松散体、节理裂隙发育岩体、地下水活动较强的地层，不宜直接使用锚喷支护且较长水平孔超前管棚钻孔不易成型等地段，采用超前长管棚加注浆及先锚后灌式砂浆锚杆支护围岩不易施工，且效果一般。最好使用超前小钢管即短管棚加注浆或钢插板作纵向预支撑，因为钢拱架作环向支撑，整体刚度大，有利于限制围岩的不利变形。对于大变形地段，采用地面砂浆锚杆或自进式注浆长锚杆和及时修筑仰拱或超前深孔帷幕注浆等以控制围岩初期变形，能合理发挥不良地质围岩的自承能力。

2.2.4 强预支护技术在深埋大变形围岩中的应用

20世纪初，长达19.8km的新普伦Ⅰ线隧道发生了大变形，此后，日本的慧那山(Enasan)公路隧道，奥地利的陶恩(Tauern)隧道、阿尔贝格(Arlberg)隧道等都发生了围岩大变形灾害。国内如青藏线关角隧道、宝中线木寨岭隧道及堡子梁隧道、南昆线家竹箐铁路隧道、国道317线鹧鸪山公路隧道，以及铁山隧道等工程均出现了不同程度的围岩大变形灾害，给工程建设造成极大的困难。实践表明，大变形隧道一般发生在地应力高的地区，同时围岩具有强度低、松散破碎或膨胀性的特点。隧道大变形灾害危害程度很大，表现为整治费用高，工期延误，预防与治理隧道大变形是一项世界级的难题，开展大变形隧道变形控制研究已成为隧道工程界的一个重大问题。

大变形隧道位移控制是一个复杂和动态的过程，通过支护措施使围岩与支护结构之间的位移协调，围岩与支护体系共同作用达到稳定平衡状态，应成为大变形隧道位移控制的支护理念。主要支护技术包括：采用光面爆破技术控制围岩超挖，减小对围岩扰动，基本维持围岩的原始状态；采用强预支护技术提高围岩承载能力和可变性性能；初期支护形式为锚喷网架支护结构，并优化支护参数和分次施加，使围岩位移得到控制；适时施加二次衬砌，使围岩与支护体系共同作用达到稳定平衡状态。

1)大变形机理分析

(1)高地应力、软弱和膨胀性围岩是内因

大量大变形隧道工程地质条件调查表明，隧道出现大变形的内因为两个方面：一是地应力场较高，典型的案例如阿尔贝格公路隧道、鹧鸪山公路隧道、关角铁路隧道、乌鞘岭隧道、陶恩公路隧道、家竹箐铁路隧道，地应力达到10MPa以上；二是围岩性质差，具体表现为软弱、节理发育(破碎)、具有膨胀性三种情况。

软弱岩石多为泥岩、黏土、页岩、碳质页岩等。当隧道穿过断层破碎带或构造发育地带时，围岩节理极发育，导致围岩破碎强度低，如木寨岭公路隧道、扯羊隧道、乌鞘岭隧道、火车岭隧道、芙蓉山隧道、凉风垭隧道、碧溪隧道等。具有膨胀性的围岩在水的作用下，矿物吸水体积增大，围岩向隧道内挤入形成大变形，如杯山隧道、中佐久间隧道、岩手隧道、中屋隧道、新宇津隧道、宝中线堡子梁铁路隧道等围岩具有膨胀性，常见的岩性为凝灰岩、粉砂质泥岩、泥质粉砂岩等。一些隧道同时具备地应力高和岩石性质差两方面的条件，如惠那山隧道、凉风娅隧道、乌鞘岭隧道等。

根据上述分析，大变形隧道可分为高地应力软弱围岩大变形隧道和膨胀岩大变形隧道两个大类。地应力和围岩强度是决定隧道变形大小的一对主要矛盾的两个方面，可将两种因素进行比较来作为判断围岩是否发生大变形的依据，因此可以定义围岩强度与地应力值的比值作为是否发生大变形的判断指标。膨胀岩的基本特征是亲水性强、膨胀率高、膨胀压力大、崩解性强，对隧道稳定性及其维护十分不利。膨胀岩亲水性强是由于其所含蒙脱石、伊利石、高岭石的黏土矿物亲水性较强，遇水后对水产生强烈的吸附作用，使颗粒间黏结力大大削弱、间距增大、体积膨胀。

(2)工程扰动力是外因

隧道开挖前，围岩处于三维应力状态，即处于稳定平衡状态。隧道开挖后形成了新的空间，有了临空面，临空面内的岩体对围岩的支撑作用消失，围岩原始的稳定平衡状态被破坏，围岩开始向隧道断面内移动，此时地应力进行调整，在围岩内形成了二次应力。在围岩应力调整过程中，部分地应力以变形能的形式释放，围岩内的径向应力降低，在围岩表面降为零，环向应力增大形成应力集中。

二次应力的大小与地应力大小、洞形、开挖与支护顺序等因素相关。选择合适洞形有利于降低围岩应力集中程度。洞形选择要与地应力场类型相协调，根据弹性力学分析可知，椭圆形断面的竖向轴长与水平轴长的比值(称为轴比)等于侧压力系数的倒数时，洞形最佳，围岩切向应力为压应力且处处相等，例如在静水压力状态下圆形断面是最佳洞形。例如，乌鞘岭隧道进入F7断层以后，将断面由马蹄形改为圆形断面有利于围岩稳定。软弱岩体具有显著的非线性力学性质，开挖后围岩处于塑性和流变状态，在整个力学过程中不服从力的叠加原理。开挖与支护的过程实质是围岩的加卸荷过程，工程施工过程又是不可逆的非线性演化过程，它的最终状态不是唯一的，而与应力路径或应力历史相关。开挖与支护顺序不同，隧道围岩是否产生应力集中及应力集中程度、塑性区范围的大小、围岩最终变形的部位及大小均存在着不同程度的差异。由于在施工期间不断变化着的洞形和加载方式，不仅影响施工期内围岩的应力、破损区、洞周位移，而且影响洞体成型后的应力分布，破损区大小以及洞周位移状况，因此合理选择隧道的开挖与支护顺序对控制位移有着重要作用。一般地，应力越大则二次应力越大，二次应力与围岩强度的比值关系决定了围岩是否发生大的变形。在地应力高而且围岩软弱的情况下，围岩的强度远低于二次应力，在围岩中形成大范围的塑性区，围岩随时间发生显著的塑性变形。

(3)施工措施不当和支护结构不合理是直接原因

高地应力软岩和膨胀性软岩都具有变形量大、变形速率大、持续时间长的特点。以乌鞘岭隧道为例，该隧道的最大水平收敛达 1 034mm，最大拱顶下沉 1 053mm，变形速率最高达 34mm/d，而变形持续时间达数月甚至数年。由于大变形隧道有不同于一般隧道的变形特征，决定了大变形隧道的施工技术和支护结构也不同于一般隧道。

在施工方案和施工技术措施的选择上，要有利于基本维持围岩的原始状态。光面爆破和预支护等措施都是工程施工中常用的技术手段，其目的就是在施工时尽可能"基本维持地层(围岩)原始状态"，保持原有强度，达到围岩稳定。在矿山法施工隧道时，采用光面爆破的目的是减轻爆破对围岩的震动，尽可能保持原始状态。在稳定性差的围岩条件下，常采用预支护方法，在隧道施工前围岩即得到强化。大变形隧道应采取短台阶或者微台阶施工，尽可能缩短围岩暴露时间，及时将支护封闭成环，使围岩及时得到全断面支护。

在选择支护结构时，首先要明确具体隧道大变形的控制性因素。控制性因素是导致隧道大变形最重要的原因，它决定了大变形的机制，也是选择支护技术的主要依据。不同控制性因素的大变形隧道，技术方案是不同的。大变形隧道有不同的围岩压力类型，即松动压力、变形压力和膨胀压力。对松动压力可以采用强预支护加固围岩，以提高岩体的自身强度，同时采用刚性支护来支撑围岩，防止破碎岩块的垮落。变形压力是软岩隧道的主要压力显现形式，对于变形压力必须根据流变特征合理地设计支护刚度、控制支护时间和支护施工的顺序，即允许围岩有适当的变形，以利于能量释放，又能将变形控制在一定的范围之内，使之不发展为松动压力。膨胀压力也可以看作是变形压力的一种，除采用与控制变形压力相同的措施外，还要特别注意预防围岩的物理化学效应，防止围岩脱水风干，因为某些软岩经脱水风干后再遇水，会出现更严重的膨胀和崩解。大变形隧道往往是多种因素共同作用，多种机制并存，在不同的施工阶段对变形期控制作用的因素也有所变化，因此大变形隧道支护有一个过程，不能"一蹴而就"。在设计、施工阶段应采用相应的技术措施，逐一克服导致大变形的因素，实现围岩与支护结构变形协调，使围岩与支护体系共同作用达到稳定平衡。例如：乌鞘岭隧道中高地应力区软弱围岩段最初初期支护中锚杆长度太短，对围岩加固能力不足是发生大变形的一个重要因素；在施工方案中最初台阶划分过长，致使初期支护不能尽早封闭成环也是发生大变形的重要因素之一。

2)国内外大变形隧道常见治理措施

国内外大变形隧道治理的措施见表2.3。

表2.3 国内外大变形隧道工程施工措施

序号	工程名称	岩层	主要措施							
			预留变形量	强预支护	(超)短台阶	初期支护	及时施加二次衬砌	仰拱	治水	其他
1	修复中屋隧道	膨胀性凝灰岩	300mm	—	√	加厚喷层,9m长锚杆,底部与底脚打锚杆,增大锚杆密度	—	√ 增大临时仰拱曲率	√	—
2	修复新宇津隧道	膨胀性凝灰岩	—	—	—	加厚喷层,6m长锚杆,增大锚杆密度	—	√ 加临时仰拱	√	二次衬砌加筋
3	修复惠那山隧道	破碎,高应力	500mm	—	—	加厚喷层,9~13.5m长锚杆,可缩式钢架	√	√	—	—
4	乌鞘岭隧道	断层带高应力	400mm	√	√	喷层200mm,复喷150mm,6m长锚杆,加Ⅰ20钢架,锁脚锚杆	√	√	—	加强监测
5	乌鞘岭隧道初期支护	千枚岩	—	√	—	喷层250mm,4m(拱)6m(墙)注浆锚杆,架设H175钢架,金属网	—	√	—	加强监测 横向钢管支撑
6	家竹箐隧道	高应力强度低	拱450mm,墙250mm	√	√	喷层250mm+150mm,8m长锚杆,可缩式钢架	√ 25mm + 55mm	—	—	—
7	火车岭隧道修复初期支护	Ⅵ、Ⅴ级围岩	20~30mm	—	—	6m长锚杆,锚杆注浆,施加18号工字钢钢架	√	—	—	二次衬砌加钢筋网

续上表

序号	工程名称	岩层	主要措施							
			预留变形量	强预支护	(超)短台阶	初期支护	及时施加二次衬砌	仰拱	治水	其他
8	凉风娅隧道修复初期支护	高应力低强度	300mm	—	—	喷层250mm，锚杆注浆，施加20b型钢钢架，加锁脚锚杆	√	√	√	二次衬砌厚度800～1 000mm
9	碧溪隧道修复初期支护	低强度	拱400mm，墙250mm，底部20mm	—	—	喷层240mm，锚杆注浆，施加I16工字钢钢架，底部加强	二次衬砌强度刚度增大	—	√	增加临时支撑
10	木寨岭公路隧道	泥岩，断层破碎带	500～800mm	√	√	6～8m锚杆，加密，U型钢可缩钢架，仰拱处加锚	√二次衬砌设双层钢筋网	√	—	仰拱配筋并与墙筋连接

注："√"表示采用了该措施。

从表2.3可见，对大变形隧道要采取综合措施才能取得成功，主要技术措施如下：

(1)隧道掘进断面要预留足够的变形量，允许围岩产生一定的变形。

(2)通过强预支护或锚注支护强化围岩，提高围岩自承能力。

(3)采用短台阶法或超短台阶法施工，增加临时仰拱或临时支撑，用喷层及时封闭围岩。

(4)强化初期支护，采用加长和加密锚杆、增厚喷层、增设底板与脚部锚杆、架设可缩钢架等组合技术，使围岩在较强的初期支护作用下发生可控的位移，起到卸压和向深处转移二次应力的作用。

(5)二次衬砌通过增厚或加筋使其得到强化，并及时施加，对围岩施加高强度的支护，促使围岩稳定；对膨胀性软岩要加强治水，对其他类型的大变形隧道也是如此。

3)大变形支护建议方案

上述开挖与支护方案存在的问题是,当围岩和初期支护的位移未趋于稳定时即施加了二次衬砌,二次衬砌将承受较大的流变压力,可能导致衬砌开裂。其实质是围岩位移与衬砌结构位移不协调,使得衬砌不能实现稳定平衡。因此,合理设计大变形隧道的支护体系和支护时机是工程界关心的重要问题。

施工理念:大变形隧道位移控制是一个动态过程,通过施工与支护措施使围岩与支护结构之间的位移协调,围岩与支护结构共同作用达到稳定平衡状态。

主要技术:①采用光面爆破技术提高断面成型质量,控制围岩扰动,基本维持围岩的原始状态;②采用强预支护技术提高围岩自承能力;③分次施加初期支护优化支护参数,使围岩位移趋于稳定;④适时施加二次衬砌,使围岩与支护体系共同作用达到稳定平衡状态。

(1)重视强预支护

大变形隧道的变形特点之一是初始变形速率大,表明隧道开挖后会迅速产生变形,导致围岩结构不断恶化,自承能力下降。合理的设计理念之一是加强预支护,使围岩从开挖的瞬时就受到强预支护的控制作用。

(2)分次施加初期支护

大变形围岩按照《公路隧道设计规范》(JTG D70—2004)可以归为Ⅵ级围岩,该级围岩属于软塑状黏性土及潮湿、饱和粉细砂层、软土等。当遇到这种岩层时,由于岩体变形比较大,应采用“先柔后刚”的双层初期支护形式,如图2.16a)所示。一层柔性支护主要技术方案应是:加长和加密锚杆,架设格栅钢拱架,增大喷层厚度并铺设金属网,增设底板与拱脚锚杆。柔性支护要使围岩有一定的变形,发挥围岩的自承力,使塑性区得到一定的发展,以完成适度的岩体应力释放和卸压作用,但必须保持岩体不至失稳。另一层刚性支护要配合型钢拱架、喷射混凝土、铺设金属网来控制变形,使变形能够趋于稳定,为施加二次衬砌打下基础。具体施工工法是做好一次柔性支护(3~10m)后,隔适当距离(5~20m)后,根据量测反馈及时做好刚性支护,控制围岩变形,达到基本维持围岩原始状态和围岩趋于稳定的目的,如图2.16b)所示。

(3)适时施加二次衬砌

当围岩变形基本稳定后施加二次衬砌,二次衬砌承担围岩压力较小或者不受力,使围岩与支护体系共同作用达到稳定平衡。

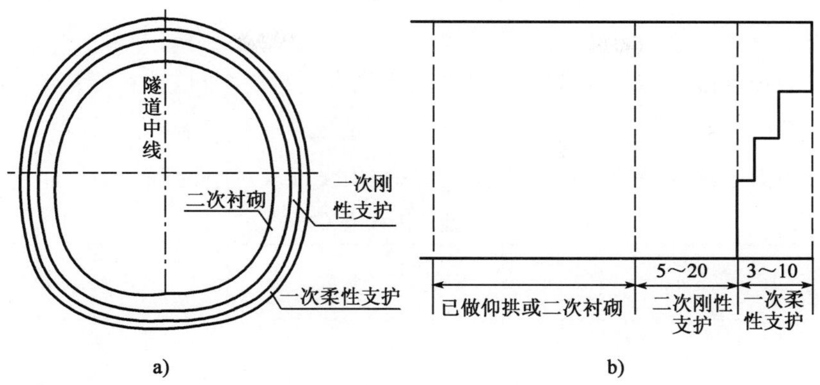

图 2.16 Ⅵ级围岩衬砌情况及施工示意(尺寸单位:m)

2.2.5 强预支护技术在浅埋自稳差地层中的应用

1)浅埋暗挖法与强预支护技术的基本理念相同

浅埋暗挖法是由中铁隧道局王梦恕院士等我国地下工程技术人员在借鉴国外成功经验及我国山岭隧道新奥法施工经验的基础上提出的隧道施工方法,适用于软弱围岩浅埋地层中修建山岭隧道洞口段、城区地下铁道及其他用途浅埋结构物的施工方法。其特点是采用通过建立量测信息、用于反馈设计和施工的程序;并采用先柔后刚复合式衬砌新型支护结构体系,考虑初期支护承担全部基本荷载,二次模筑衬砌作为安全储备,初期支护和二次衬砌共同承担特殊荷载的方法。其开挖方法有正台阶法、单侧壁导坑法、中隔墙法(也称CD法和CRD法)、双侧壁导坑法(眼镜工法)等。经过多年的不断总结、完善,这一方法已在城市地铁、市政、热力、电力管道、城市地下过街道、地下停车场等工程中推广应用,并形成一套完整的配套技术。明(盖)挖法、盾构法、浅埋暗挖法各有优缺点,详细比较见表 2.4。实际工作中,应根据工程实际情况,优先选择合适的施工方法。

隧道设计、施工具有以下特点:

(1)工程类比是浅埋暗挖技术设计的主要依据,工程设计前,首先要把本段的地质条件和类似的工程地质条件进行充分分析对比,以便确定本工程的预选设计方案,也称预设计。

(2)按荷载结构模式进行结构计算,其计算结果和结构实际受力情况比较接近。

(3)控制围岩变形是浅埋暗挖法设计和施工的核心问题。

(4)设计和施工应紧密结合,设计时应充分考虑施工措施。

(5)由于浅埋隧道地质条件比较明确,预设计应尽量准确。

表 2.4　浅埋地下工程施工方法比较

对比指标＼方法	明(盖)挖	盾　构	浅埋暗挖(NATM)
地质	各种地层均可	各种地层均可	有水地层需做特殊处理
场所	占用街道路面较大	占用街道路面较小	不占街道路面
断面变化	适用不同断面	不适用	适用不同断面
深度	浅埋	需要一定深度	需要一定深度可比盾构浅
防水	较易	较难	有一定难度
地面下沉	不存在	较大	较小
交通障碍	影响较大	影响不大	不影响
地下管路	需拆迁和防护	不需拆迁、防护	不需拆迁、防护
震动噪声	大	小	小
地面拆迁	大	较大	小
水处理	降水、疏干	堵、降结合	堵、降或堵排结合
进度	受拆迁干扰大,总工期较快	前期工程复杂,总工期一般	开工快,总工期一般偏慢

在工程实践中应用浅埋暗挖法应遵循下述原则:

(1)应结合工程环境条件和隧道本身的安全要求,综合确定地面沉降控制基准值,而不是统一的如 10mm、30mm 的最严格值。

(2)综合考虑地面沉降、施工安全、工期、造价等因素,选定开挖工法。

(3)强调采用预加固措施(如超前管棚、锚杆、注浆等)。

(4)隧道支护应考虑“时空效应”。

(5)隧道开挖后,应尽早提供具有足够刚度和早强的初期支护,以控制围岩变形,而不是最大限度地利用围岩的自身承载能力。

(6)尽早施作仰拱并封闭成环,仰拱距工作面的距离越近越好,最大不宜大于 1 倍洞径。

(7)一般情况下,二次衬砌施作应在围岩及初期支护变形基本稳定后进行。但在采取辅助措施后，尚未满足稳定性要求的，也可提前施作二次衬砌（由于浅埋隧道荷载较明确，提前施作二次衬砌是可能的）。

(8)加强监控量测，及时反馈信息，及时调整支护参数。

(9)应采用复合式衬砌形式，两层之间设防水隔离层，其作用一是防水，二是防裂，只有做到两层之间剪力为零时，二次衬砌才不会开裂。由于该法多在松软第四纪地层中修建，所以围岩自身承载能力很差，为避免对地表建筑物和地中构筑物造成破坏，地表沉降量需严格控制，因此要求初期支护刚度要大、支护要及时。这种设计思想的施工要点概括为“管超前、严注浆、短进尺、强支护、早封闭、勤量测、速反馈”的 21 字方针。

对比浅埋暗挖法与强预支护技术的基本理念，两者相同，其中浅埋暗挖法的可操作措施更加完善且应用更加成熟，而强预支护技术的可操作措施可以套用浅埋暗挖法的可操作措施，其应用范围在物理和力学概念上更加合理。

2)浅埋暗挖法预支护结构设计

(1)计算机模拟开挖分析

该方法的基本研究思路是：当洞室开挖后，围岩应力向深部转移及应力进行重分布，最终应力作为等效荷载施加在开挖后的洞室结构上，从而研究开挖后洞室的力学行为。计算中研究了初期支护对围岩的加固作用和不同部分开挖过程中各部分之间的互相作用，也考虑了分部开挖步数及开挖的顺序对应力应变过程状态、最终应力位移的影响。

通过计算分析可得出如下一般结论：

①底脚和侧壁应力集中，弯矩和轴力较大，产生了较大的松弛应力，这和开挖跨度有很大关联。

②底脚和侧壁松弛范围均较大，要求底脚有较大的承载力。

③在拱脚处加长的锚杆起到了重要的作用，有效地控制了塑性区的发展，而拱顶减短的锚杆完全能满足要求。

④剪应力产生的大小和方向与开挖顺序有关。

⑤设置仰拱后，底脚处的塑性区得到较好的控制，说明先修仰拱及时封闭结构很重要。

⑥从快速施工的角度考虑，上台阶法优于中隔墙法和侧壁导坑法，但在围岩条件较差，需控制沉降和变形等情况下，宜采用中隔墙法和侧壁导坑法；考

虑工序转换，上台阶法和中隔墙法可以交换。

(2)经验类比法分析

表 2.5 为国内外大断面隧道施工实例统计分析。为了便于归纳分析，将跨度划分为 10m、15m、20m，开挖面积分别为小于 100m² 、约 140m² 和大于 170m² 三种近似情况，以开挖面为划分标准，第一种为大断面，后两种为超大断面，计算出的扁平率列于表中。

表 2.5 国内外大断面地下工程支护参数及开挖方法统计分析

围岩类别	Ⅱ～Ⅲ					
统计跨度	10m		15m		20m	
开挖面积	小于 100m²		约 140m²		大于 170m²	
扁平率	0.6～0.72		0.49～0.68		0.52～0.64	
项目	已使用方案	推荐方案	已使用方案	推荐方案	已使用方案	推荐方案
施工方法	(1)上台阶法； (2)上台阶临时闭合法； (3)CD、CRD法	深埋： (1)上台阶法； (2)CD、CRD法。 浅埋： (1)CD、CRD法； (2)上台阶临时闭合法	(1)上台阶法； (2)侧壁导坑法； (3)CD、CRD法； (4)上台阶临时闭合法	深埋： (1)上台阶短台阶法； (2)CD、CRD法。 浅埋： (1)CD、CRD法； (2)侧壁导坑法	(1)上台阶短台阶法； (2)CD、CRD法； (3)侧壁导坑法	深埋： (1)CD、CRD法； (2)侧壁导坑法； (3)上台阶短、超短台阶法。 浅埋： (1)CD、CRD法； (2)侧壁导坑法
喷混凝土(cm)	5～20	10～15	10～25	10～15	15～25	15～20
锚杆(m)/(环×纵)	2.5～3.0/(1.5×1.2)	2.5/(1.2×1.2)	2.5～3.5/(1.0×1.0)	2.5/(1.0×1.0)	3.0～4.05/(1.0×1.0)	3.0/(1.0×1.0)
钢支撑型号/间距(m)	H150/1.5	—	H200/1.5	—	H200/1.0	—
预支护	—	—	—	—	小导管注浆	小导管注浆
衬砌厚度(m)(拱部/仰拱)	(0.25～0.5)/(0～0.5)	(0.25～0.3)/(0.25～0.3)	(0.25～0.5)/(0～0.5)	(0.25～0.35)/(0.25～0.35)	(0.3～0.6)/(0.3～0.6)	(0.4～0.5)/(0.4～0.5)

续上表

围岩类别	Ⅳ～Ⅴ					
统计跨度	10m		15m		20m	
开挖面积	小于 $100m^2$		约 $140m^2$		大于 $170m^2$	
扁平率	0.69～0.89		0.62～0.76		0.60～0.72	
项目	已使用方案	推荐方案	已使用方案	推荐方案	已使用方案	推荐方案
施工方法	(1)上台阶法(短、超短台阶法)； (2)侧壁导坑法； (3)CD、CRD法	深埋： (1)短台阶法； (2)CD、CRD法； (3)侧壁导坑法。 浅埋： (1)CD、CRD法； (2)上台阶临时闭合法	(1)上台阶法(短、超短台阶法)； (2)侧壁导坑法； (3)CD、CRD法； (4)上台阶临时闭合法	深埋： (1)上台阶临时闭合法 (2)CD、CRD法 (3)侧壁导坑法。 浅埋： (1)CD、CRD法； (2)侧壁导坑法	(1)上台阶临时闭合短、超短台阶法； (2)CD、CRD法； (3)侧壁导坑法	深埋： (1)CD、CRD法； (2)侧壁导坑法； (3)超短台阶临时闭合法。 浅埋： (1)CD、CRD法； (2)侧壁导坑法
喷混凝土(cm)	10～25	15～20	15～30	20	15～35	25
锚杆(m)/(环×纵)	2.5～3.5/(1.0×1.0)	3.0/(1.0×1.0)	3～6/(0.8×1)	3.5/(0.8×0.8)	4.5～6.5/(1.0×0.8)	4.5/(1.0×1.0)
钢支撑型号/间距(m)	H250/1.5	用格栅替换	H250/1.0	用格栅替换	H250/0.8	用格栅替换
预支护	小导管注浆，管棚	小导管注浆，管棚	小导管注浆，管棚，基脚注浆，旋喷导管	小导管注浆，管棚，基脚注浆，旋喷导管	小导管注浆，管棚，基脚注浆，旋喷导管，顶衬砌	小导管注浆，管棚，基脚注浆，旋喷导管，顶衬砌
衬砌厚度(m)(拱部/仰拱)	(0.3～0.5)/(0.3～0.6)	0.4/0.4	(0.4～1)/(0.4～1)	0.4/0.5	(0.4～2)/(0.4～2)	0.6/0.7

通过分析表明：

①扁平率随跨度增加而减小，说明设计者在设计时要兼顾净空高度和经济合理性要求，在跨度加大时，若以加强初期支护和衬砌厚度来减少开挖面积

比较经济时，也说明研究扁平率是个经济问题。

②施工中软岩相对硬岩拱顶稳定性较差，两侧壁松弛压力和底鼓较大，设计时应考虑采取相对较小的曲率半径。

③隧道扁平率越小，衬砌轴力越小，而衬砌两侧的负弯矩越大，拱顶的正弯矩几乎不变，这说明衬砌两侧的应力也增大了，因此加大衬砌的两侧厚度有利于控制隧道衬砌应力。

④使用长锚杆、基脚和拱脚注浆锚杆等加强初期支护的措施，有利于加固围岩，防止围岩松弛变形，保证施工安全。

⑤在工序上对于Ⅱ级及其以下围岩均先设仰拱，及时封闭和稳定整个结构。

另外超前锚杆设计、小导管注浆设计、管棚设计等可参考王梦恕院士的著作《地下工程浅埋暗挖技术通论》一书。

3)浅埋暗挖法施工措施

在浅埋地段修建隧道时，往往受周围环境等因素限制，必须采用暗挖法施工。浅埋暗挖法是一种综合施工技术，其特点是在开挖过程中采用多种预支护施工措施加固围岩，合理调动围岩的自承能力，开挖后及时支护，封闭成环，使其与围岩共同作用形成联合支护体系，有效地抑制围岩过大变形。

采用浅埋暗挖法施工时，常见的典型施工方法是正台阶法以及适用于特殊地层条件的其他施工方法，如全断面法、单侧壁导坑超前正台阶法、双侧壁导坑正台阶法(眼睛工法)、中隔墙法等。施工方法详见表 2.6。

表 2.6　浅埋暗挖法修建隧道及地下工程主要开挖方法

施工方法	示　意　图	重要指标比较					
		适用条件	沉降	工期	防水效果	一次支护拆除量	造价
全断面法	1	地层好，跨度≤8m	一般	最短	好	无	低
正台阶法	1 2	地层较差，跨度≤12m	一般	短	好	无	低
上半断面临时封闭正台阶法	1 2	地层差，跨度≤12m	一般	短	好	小	低

续上表

施工方法	示　意　图	重要指标比较					
		适用条件	沉降	工期	防水效果	一次支护拆除量	造价
正台阶环形开挖法	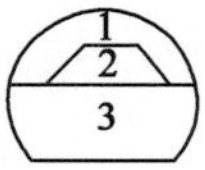	地层差，跨度≤12m	一般	短	好	无	低
单侧壁导坑正台阶法	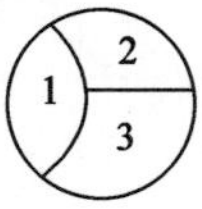	地层差，跨度≤14m	较大	较短	好	小	低
中隔墙法（CD法）	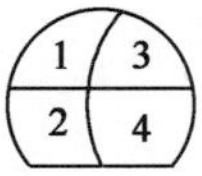	地层差，跨度≤18m	较大	较短	好	小	偏高
交叉中隔墙法（CRD法）	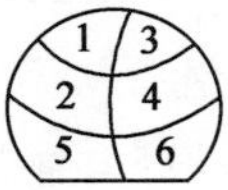	地层差，跨度≤20m	较小	长	好	大	高
三台阶七步开挖法	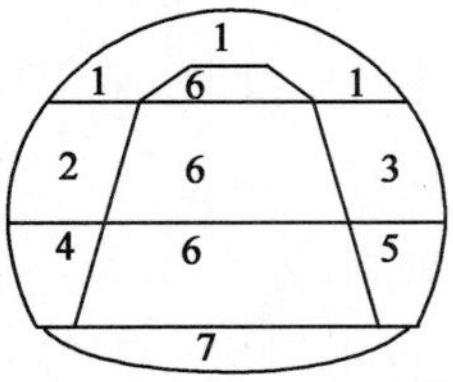	地层差，跨度＜16m	一般	较短	较好	无	较低
双侧壁导坑法（眼睛工法）	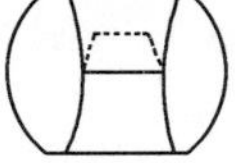	小跨度，连续使用可扩成大跨度	大	长	差	大	高
中洞法	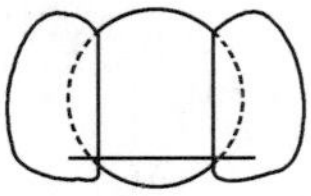	小跨度，连续使用可扩成大跨度	小	长	差	大	较高
侧洞法	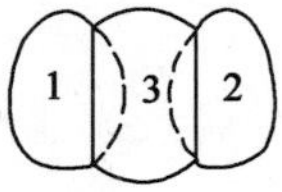	小跨度，连续使用可扩成大跨度	大	长	差	大	高

续上表

施工方法	示意图	重要指标比较					
		适用条件	沉降	工期	防水效果	一次支护拆除量	造价
柱洞法		多层多跨	大	长	差	大	高
盖挖逆筑法		多跨	小	短	好	小	低

应当引起注意的是，浅埋暗挖工程施工方法的选择，应当根据具体地下工程的各方面条件综合考虑，选择最经济、最理想的设计和施工方案，甚至是多种方案的综合应用，也是一个受多因素影响的动态的择优过程。

浅埋暗挖工程施工中，当围岩较稳定且岩体较坚硬时，施工往往先开挖隧道坑道断面，然后修筑支护结构，并且在有条件时可以争取一次把全断面挖成。衬砌修筑也可以先修筑边墙，之后再修筑拱圈，即采用先墙后拱法施工；当围岩稳定性较差时，则需要随开挖随支撑，防止围岩变形及产生坍塌；开挖坑道后，及时修筑永久性支护结构，尤其坑道开挖的顶部，一般在上部断面挖成后先修筑拱圈，在拱圈的保护下再开挖坑道下部断面，即称为先拱后墙法。

在市区软弱、松散的地层中，单从控制地层位移的角度考虑，隧道浅埋暗挖施工方法择优的顺序为：CRD 工法→眼镜工法→CD 工法→上半断面临时闭合法→正台阶法。

总之，在选择施工方法时，要根据各种因素并结合地质条件变化的实际情况，采取有效的施工方法。

特此说明，本书内容涉及浅埋暗挖技术方面均摘录于王梦恕院士的著作《地下工程浅埋暗挖技术通论》相关内容。

2.3 受力独立性综合技术

2.3.1 隧道结构受力独立性概念及案例分析

1)隧道结构受力独立性概念

独立隧道、小净距隧道和连拱隧道,在我国公路建设中都获得了应用。在公路隧道设计规范中,提出公路隧道应设计为上、下行独立的双洞。独立式双洞的最小净距如表 2.7 所示。在桥隧相连、隧道相连和地形条件限制等特殊地段,当隧道净距不能满足如表 2.7 所示的最小净距时,可采用小净距隧道或连拱隧道。

表 2.7 独立式双洞的最小净距

围岩级别	Ⅰ	Ⅱ	Ⅲ	Ⅳ	Ⅴ	Ⅵ
最小净距(m)	1.0B	1.5B	2.0B	2.5B	3.5B	4.0B

注:B——隧道开挖断面的宽度。

独立式隧道由于距离较大,两个洞体施工后围岩形成的二次应力场不存在叠加现象,因此可以视为两个独立的隧道分别研究其稳定性。而连拱隧道、小净距隧道的两个洞体相距很近,隧道开挖后围岩的二次应力场相互叠加。由于隧道施工步骤繁复,围岩多次扰动,导致衬砌结构内力分布更为复杂,这样在不良或复杂地质情况下,与独立式隧道相比,连拱隧道、小净距隧道两个洞体围岩之间存在强烈的相互影响(特别是连拱隧道),这时衬砌受力复杂、受力分析不明确,导致稳定性变差。因此,在隧道断面设计与施工技术方面如何采取措施,增强连拱隧道、小净距隧道两个洞体围岩和衬砌受力的独立性,减小相互影响是实现围岩稳定的重要思路。

连拱隧道常用施工方案为中导洞施工法施工,按传统的断面结构形式,由于左右洞施工和衬砌期间中墙顶部不密实,存在空隙,导致隧道围岩跨度增大,隧道围岩稳定性变差,左右洞结构受力不明确且相互影响。为了克服此类问题,应对连拱隧道的断面进行改进和优化,合理的断面应尽可能确保中墙顶部围岩与中墙的整体性,实现连拱隧道两主洞受力的基本独立,尽可能保持围岩的原始状态,最大限度地发挥围岩的自承能力。小净距隧道常用 CRD(交叉中墙法)工法施工,对中墙和基础采用加固措施,确保中墙和基础围岩强化与稳定,实现小净距隧道两主洞受力的基本独立,尽可能保持围岩的原始状态，最大限度地发挥围岩的自承能力。

2)未遵循受力独立性的案例分析

图2.17为某地下工程施工不当引起大街地面连续塌陷，造成了巨大的经济损失和人员伤亡，给社会带来不良影响。

图2.17　地下工程(相互间影响)引起大街地面连续塌陷

2006年5月18日15时30分许，某座二层窑洞发生坍塌(图2.18)，正在现场拆房的部分农民工被压在下面。剩余农民工迅速召集正在附近另一个工地劳动的20多名老乡冲进现场展开救援，但是他们没想到，五六分钟后一场更大的灾难降临，其中有26人被不同程度砸伤，另有5人死亡。26名伤者中，有的内脏出血，有的腰椎、腿骨骨折，还有的脑部受伤。该事故应该引起连拱隧道养护(甚至拆除)过程中对安全技术问题(受力独立性问题)的重视。

上述地下工程(相互之间不独立)引起大街地面连续塌陷或拆除过程中出现安全事故的教训应引以为戒。受力独立性与著名德国桥梁专家莱昂哈特非常注重结构构造的思想吻合。

图 2.18　事故抢救现场

2.3.2　连拱隧道结构受力独立性的设计与施工

1)隧道跨度对围岩稳定作用分析

设围岩的初始地应力为 P_0，连续介质围岩的半径为 a，则圆形单拱隧道应力分布公式为：

$$\begin{cases} \sigma_{\mathrm{r}} = P_0\left(1 - \dfrac{a^2}{\gamma^2}\right) \\ \sigma_{\theta} = P_0\left(1 + \dfrac{a^2}{\gamma^2}\right) \end{cases} \tag{2.2}$$

式中：γ——岩土体重度。

深埋条件下，根据普氏冒落拱理论，碎裂介质中的连拱隧道围岩作用于衬砌顶部的压力为：

$$P_{\mathrm{v}} = \frac{2a}{3a_1 f}(3a_1^2 - a^2) \tag{2.3}$$

式中：a_1——地下洞室拱跨度的一半；

f——岩石为坚固性系数；

a——地下洞室底宽。

由式(2.2)和式(2.3)可见，不管单拱隧道还是连拱隧道，隧道围岩应力或结构受力的近似解析解均与跨度的平方成正比，这论证了通过改善连拱隧道设计与施工使中墙与其上下方围岩结合成整体，中墙起到减跨作用，增强了受力独立性，对基本维持围岩原始状态有着重要作用。

2)传统断面

目前国内已建成的双连拱隧道很多采用了整体式曲中墙的断面形式，如图 2.19 所示，中墙厚度通常为 1.8～2.0m。它的特点是中墙不仅与左右主洞拱部的初期支护相连接，还与左右洞的二次衬砌及防水层相连接。它的不足之处主要有以下 4 个方面：

(1)左右洞施工和衬砌期间中墙顶部不密实，有空隙，导致洞室围岩跨度增大，致使隧道两洞体围岩相互影响，独立性差。

(2)两主洞的拱部支撑在中墙上，其中一个洞体因偏压等原因产生的偏移会对另一个洞体内力产生影响，这种相互影响导致左右洞结构受力不独立，增大了结构设计的难度。

(3)中墙与顶部注浆后易堵塞排水通道，这是导致中墙渗漏水的主要原因，对隧道耐久性和运行安全造成威胁。

(4)整体式曲中墙结构受力条件复杂，施工工序多，对围岩形成多次扰动，二次衬砌与中墙非同步施工，造成中墙与主洞二次衬砌之间常存在施工缝。

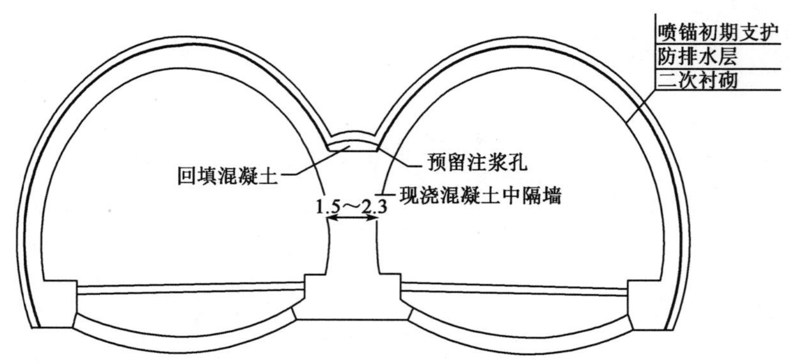

图 2.19　传统断面示意图(尺寸单位：m)

这种类型的结构存在的主要病害是衬砌开裂和渗漏水。中墙出现纵向或环向裂缝，中墙侧拱脚处渗漏水，若两侧拱部受力不均衡，可能会导致整个结构物破坏或留下严重病害。

某高速公路飞鱼泽隧道长 215m，最大埋深 71m，为整体式双跨连拱结构。隧道所经地段为Ⅴ级围岩，地层岩性为三迭系中统乌格组黄灰、深灰色泥质粉砂岩夹薄层深灰、灰黑色细砂岩及碎石土，受构造影响岩体破碎，呈碎石状，岩石风化强烈，多为强风化，局部弱风化，裂隙发育，地下水类型为基岩裂隙水。按原设计，隧道采用三导坑法施工，上行隧道应超前于下行隧道并且超前长度不得大于30m。实际施工过程中是先开挖施作上行线隧道且待其贯通二次衬砌做完后，再开挖施作下行线隧道。从2004年11月，在下行线隧道开挖过程中，上行线隧道二次衬砌多处出现裂缝(图2.20)。施工单位的监控量测报告和检测单位的检测结论均表明短期内裂缝的发展已基本稳定。

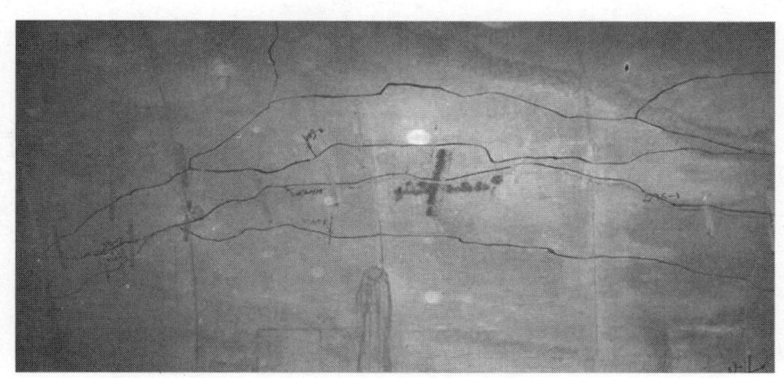

图2.20　二次衬砌裂缝分布

根据现场裂缝实际的分布情况，将其沿纵横向分别展开并体现在图上，纵向即为隧道纵向(每5m一格)，横向为与纵向垂直的方向(分别以上下行线的拱顶为零点，沿隧道周向每5m一格)。通过裂缝展布图(图2.21)可以看出，裂缝集中分布的区域为隧道上行线拱顶到中墙之间的拱脚位置，另外在隧道下行线中墙上还分布着一条纵向裂缝，裂缝分布情况横断面图如图2.22所示。

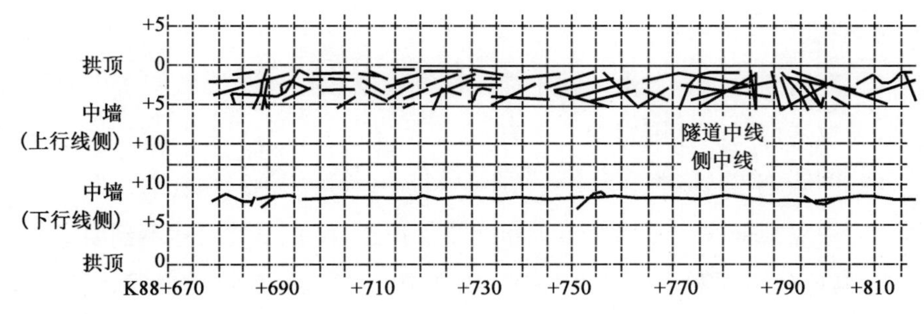

图2.21　裂缝展布图

实际上，飞鱼泽隧道出现纵向分布裂缝的根本原因，是在不良地质条件下采用了不合理的整体式双跨连拱结构构造形式，不合理地先开挖施作上行线隧道且待其贯通二次衬砌做完后再开挖施作下行线隧道。

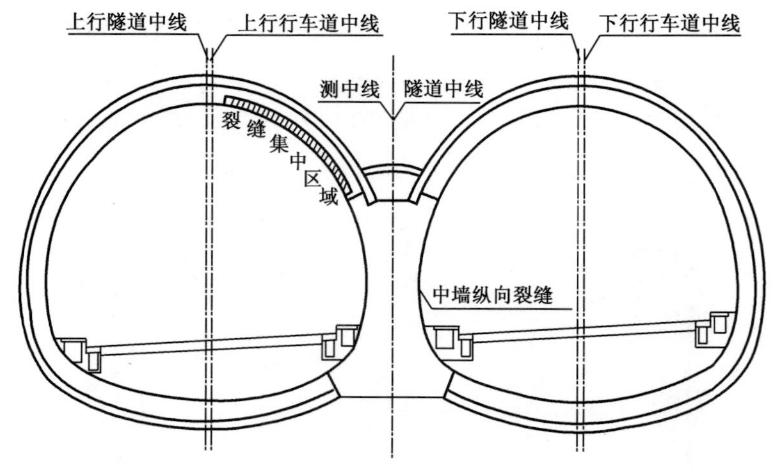

图 2.22　裂缝集中区域图

3)改进断面

复合式曲中墙结构是改进后的连拱隧道断面形式，如图 2.23 所示，左右洞的二次衬砌不搭靠在中墙上，而是独立成环，因此左右洞按单洞整体式断面施工。其优点有以下两点：

(1)将防水与结构设计统一考虑，衬砌防水效果更理想。

(2)在不削弱结构的条件下，将两侧二次衬砌各自独立成环，左右洞结构受力明确，相互影响少。

其缺点有以下三点：

(1)左右洞施工和衬砌期间中墙顶部不密实，有空隙，导致洞室围岩跨度增大，导致隧道两洞体围岩相互影响，受力独立性差。

(2)中墙施工较麻烦。

(3)中隔顶部注浆易堵塞土工布层排水通道，使防水效果达不到要求。

某高速公路九龙连拱隧道就是采用如图 2.23 所示的结构形式，隧道的二次衬砌为钢筋混凝土结构，发生了二次衬砌开裂。在隧道施工过程中，该隧道左洞拱腰(K6＋265～K6＋295)部分出现坍塌冒顶，塌方段围岩为Ⅳ～Ⅴ级。两洞上导洞相隔 50m，下台阶与上导洞距离为 30～40m，初期支护与二次衬砌距离为 50～100m。左洞开裂部分山体存在断层破碎带，而右洞没有此类现象。

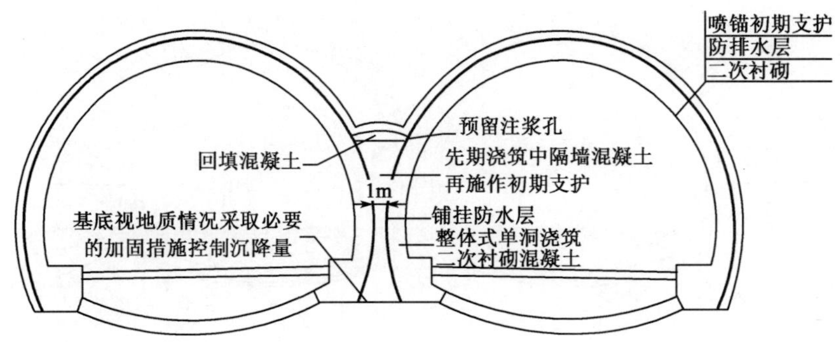

图 2.23 改进断面示意图

虽然在九龙连拱隧道施工中进行了隧道变形监测，量测收敛后再做二次衬砌，但应该引起注意的是，目前监控量测的精度只能解决围岩稳定与破坏问题，由于其精度偏低而不能解决结构（特别是二次衬砌）开裂问题（即刚度问题）。如果连拱隧道一次支护较强，让初期支护和围岩的变形自行调整并协调一致（其间也可采用注浆等工艺加固补强），施工完成并稳定后再施作二次衬砌结构，此施工方法便可较好地解决二次衬砌开裂问题。

4)优化断面

某连拱隧道位于一级公路（属某高速公路连接线），是该路段控制工程。隧道岩性主要为粉砂岩、含砾砂岩、砾岩，局部夹泥岩，围岩类别为Ⅲ级或Ⅳ级围岩。测区内水文地质条件比较简单，地下水均为第四系孔隙水和基岩裂隙水，水量贫乏。该隧道工程地质条件复杂，节理裂隙很发育，岩层产状紊乱，并有 8 条断层破碎带，最大一条达 22m 宽。隧道顶上方 3m 处有一防空洞，地下水丰富且分布不均。

结合该连拱隧道对隧道断面进行了优化，如图 2.24 所示。施工时先施工中导洞，根据中导洞拱顶围岩情况采用锚杆或小导管注浆加固中导洞拱顶围岩，然后再施作钢筋混凝土中墙，中墙钢筋与加固导洞拱顶锚杆或小导管焊接成整体，这样可达到减跨支护的作用；当围岩软弱时中墙可采用扩大基础或基底注浆的加固措施，使左右洞施工过程初期支护受力明确且相互影响减小，受力基本独立。

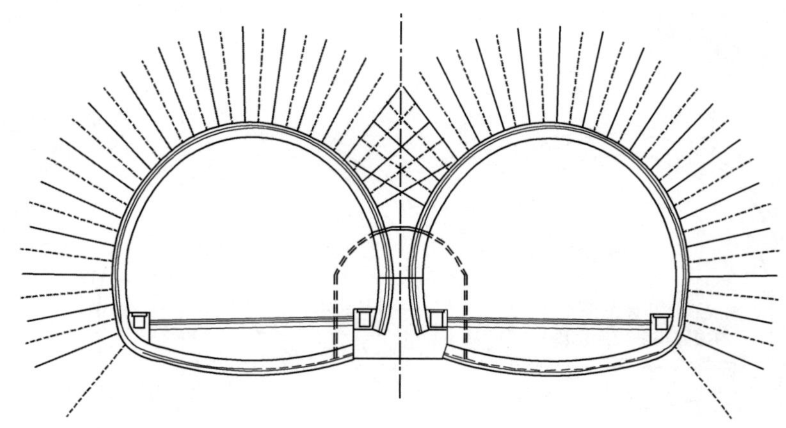

图 2.24 优化断面示意图

连拱隧道优化断面符合著名德国桥梁专家莱昂哈特非常注重结构构造的思想。他在《钢筋混凝土及预应力混凝土桥建筑原理》一书中强调:“有关桥梁性能的好的构造细节较之复杂的计算更为重要”。同理,隧道好的构造细节对隧道的受力安全同样重要。

2.3.3 小净距隧道受力独立性设计与施工

1)小净距隧道施工的常用措施

土质或软弱松散围岩小净距隧道施工时,中壁岩柱围岩经受多次扰动,其状态比单独的洞室施工时更为恶化,因此施加在中壁岩柱的压力比另一侧要大得多。尤其是当两洞相邻的分部开挖同时通过某一尚未支护断面时,中壁岩柱极易形成楔形体态破坏,如不及时处理极易发生扰动塌方,如图 2.25 所示。此时常采取的工程措施有以下几个方面:

(1)应避免两洞同时同向开挖;若两洞同向开挖,除彼此要错开一段 $L \geq D$(D 为单洞开挖洞径)的距离外,还应注意:如果中壁岩柱形成的楔形体是土质或软弱松散围岩,则开挖外侧;如果中壁岩柱形成的楔形体是稳定土质或岩质围岩,则开挖内侧(图 2.25);如果中壁岩柱形成的楔形体是稳定硬岩质围岩,则采用图 2.26 中导洞适度超前分部扩挖法施工。

(2)在施工过程中,应利用两洞先行开挖段,进行洞内注浆来加固此中壁岩柱及附近围岩,即要求两洞在先行开挖段进行第Ⅳ步序施工时,在围岩中安设 3～3.5m 后加固注浆。

(3)施工作业时要以快为主,即快开挖,快封闭,以赢得时间。

(4)在破碎围岩条件下,小净距隧道施工要采用正向单侧壁导洞法和上下台阶与正向单侧壁导洞组合法施工方案。两种施工方案的共同特点是尽早对中壁岩柱进行支护加固,加固方案包括锚杆、注浆、对拉锚索等。

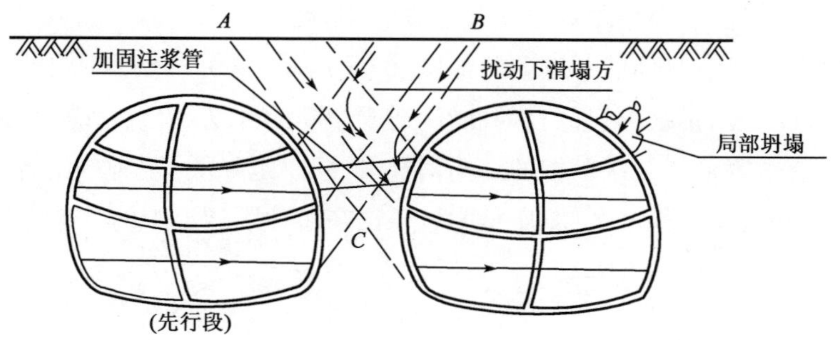

图 2.25　中壁岩柱加固

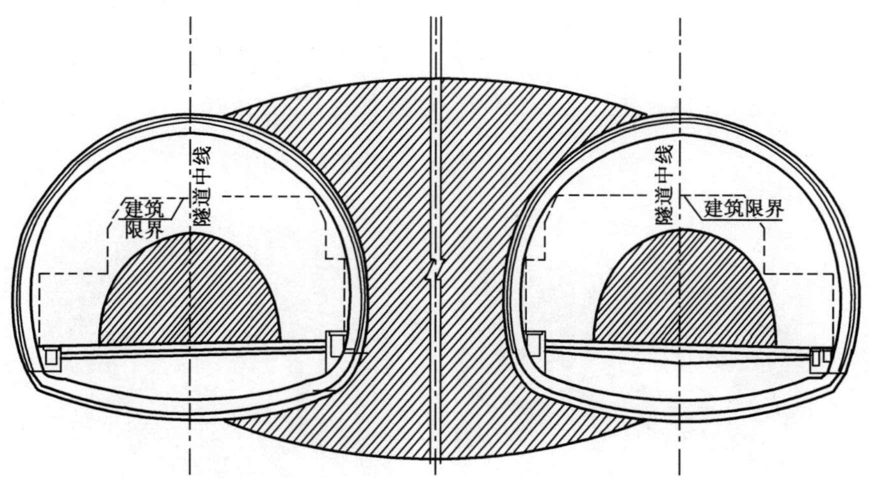

图 2.26　石质围岩小净距隧道中导洞适度超前分部扩挖再加固中壁岩柱施工法

石质围岩小净距隧道施工时,中壁岩柱围岩虽然经受了多次扰动,但其中壁岩柱破坏形态比土质或软弱松散围岩小净距隧道施工时好得多,如果采用中导洞适度超前分部扩挖法施工再进行洞内锚杆、注浆、对拉锚索等来加固中壁岩柱,效果则会更好。

因此,在隧道施工中,并不介意采用什么理论和工法,而应根据具体隧道围岩地质的各方面综合条件，采用经济合理的设计和施工方法，甚至是多种方法的综合运用。需注意的是，隧道合理施工方法或多种施工方法的综合运用必须同时满足隧道合理工法判别原则。

2)小净距隧道受力独立性的案例分析

在小净距隧道施工时，应注意两洞的相互影响问题，尽量使受力保持一定的独立性。目前在小净距隧道的开挖过程中，超前导洞预留光爆层法是比较常用的施工工法，具体的开挖顺序如图 2.27 所示，这种工法适用于Ⅰ、Ⅱ、Ⅲ级围岩。Ⅰ、Ⅱ、Ⅲ级围岩的自稳性好，适于全断面开挖，由于超前导洞临空面的存在，有效降低了二次扩挖的炸药消耗量，同时也降低了爆破对围岩特别是中壁岩柱的扰动。如图 2.28 所示为该工法在小净距隧道中的具体应用案例。

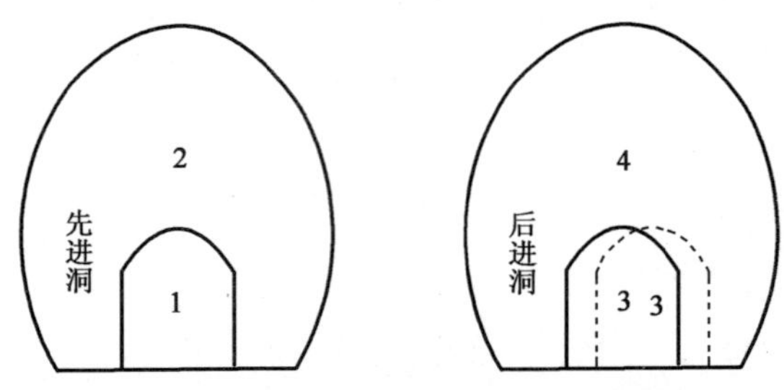

图 2.27　超前导洞法开挖小净距隧道示意图

图 2.28　超前导洞法开挖小净距隧道示意图

在使用超前导洞预留光爆层开挖小净距隧道时，要注意导坑的位置。尤其是后进洞导坑的施作位置，应尽量远离中夹岩一定的距离，如图 2.27 中虚线所示，这样施工可以减少爆破对中夹岩柱的影响。使用超前导洞法施工小净距隧道，当隧道较短时，可以先将一个隧洞打通，再施工另外一个隧洞。先进洞的支护和施工工法相当于单洞的情况，后进洞开挖时应注意保护中夹岩，尽量减少对中夹岩柱的扰动，因为中夹岩的稳定直接影响小净距隧道的稳定。在以往许多小净距隧道破坏的工程实例中，很多都是由于中夹岩发生楔形体破坏所致，因此在后进导洞施工中，超前导洞应远离中夹岩一定距离，并采用弱爆破，以减少对中夹岩的扰动，维持围岩的稳定。

在 20 世纪 90 年代还没有相应规范的情况下，宁波招宝山小净距隧道采用中导洞适度超前分部扩挖再加固中壁岩柱施工法成功修建(图 2.29)，其主要原因是围岩完整强度较高。因此，石质围岩小净距隧道采用中导洞适度超前分部扩挖再加固中壁岩柱施工法是合适的。

图 2.29　宁波招宝山小净距隧道

综上，小净距隧道受力独立性设计与施工的核心内容就是小净距隧道合理施工顺序，应该根据隧道围岩地质状况，选用合理施工顺序的一种或几种组合方法使得隧道“基本维持地层(围岩)原始状态”，有利于小净距隧道两个洞体受力独立性。

2.4　变形协调控制技术

2.4.1　结构变形协调控制的必要条件

要确保结构体系受力性能良好，采取合理结构构造措施、设计工法及施工工艺十分必要。有时创新的结构方案与结构体系是否成功就取决于合理结构构造措施、设计工法及施工工艺的应用，结构体系是由不同的构件组成的，不同的构件在结构体系中起不同的作用。当结构总体上有所突破时，对结构的细节要求也应有所提高，部分结构细节可能成为设计控制点。往往结构的总体创新最终要落实到某些关键的构造细节上，某些关键构造问题的成功解决有时能使结构的总体性能大大提高。在进行结构设计时，可以借助于基本力学概念创造出前所未有的结构，比如山体隧道、盾构隧道、大型地下空间等。随着计算机技术的广泛应用以及力学分析手段的不断进步，结构工程师可以借助先进的计算理论与计算工具对复杂的新型结构体系的受力行为进行计算分析。关键是要能够较准确地反映实际结构的受力行为，从而达到设计计算的目的。

合理的结构构造措施、设计工法及施工工艺满足结构变形协调控制，是保证结构体系的力、变形与能量按预定的设计路径转移的必要条件。地下工程的力学原则是“合理发挥围岩的自承能力”和“基本维持围岩的原始状态”，稳定平衡方程是 P(围岩相互支持力)(0↑控制危害)＋T(支护力)(↓0)$\geqslant P_0$(原始内力)[附注：(　)中内容只是方便读者理解，不是表达式的要素]。当地面变形有严格要求时，必须满足变形协调控制，施工中要严格遵循；当地面变形没有要求时，变形协调控制可以适度调整，方便施工。隧道力学响应与施工顺序引起的应力转移路径密切相关，隧道设计施工控制的实质就是软弱围岩稳定性控制的及时性与有效性的问题。对比惰性浆液与硬性浆液在盾构施工中的作用，能够清楚地看出满足变形协调控制要求的结构构造措施对于结构体系中变形与能量的有效传递十分重要。

(1)惰性浆液：不符合变形协调控制，稳定密封介质围岩除外；充填介质不能有效调动或恢复软弱(土)围岩自承能力，难于维持原始稳定平衡状态。例如，广州地铁某硬岩中注惰性浆液盾构列车运行不稳，加注水玻璃凝固后列车运行才稳定；上海地铁一期某软土注惰性浆液盾构容易渗漏水，造成沉降不稳定。

(2)硬性浆液：符合变形协调控制，充填介质能有效发挥或恢复软弱(土)围岩自承能力，至少维持原始稳定平衡状态。例如，上海地铁后期软土注硬性浆液盾构很少渗漏水；杭州钱江通道注硬性浆液盾构较稳定。

2.4.2　山体隧道变形协调控制措施

山体隧道设计、施工时，普遍注意的是新奥法的光面爆破、喷锚支护和监控量测问题，却较少重视地下工程建设过程中承载结构层的有效性和承载结构层形成时机的及时性及空间的稳定性，即“时空效应”，特别是施工过程的空间稳定性。为此，不管采用哪种设计计算方法，施工工法和过程控制措施均应采用地层结构法思路（对应于“岩承理论”），实现地层与支护结构共同作用达到“稳定平衡与变形协调控制”，消除风险隐患，确保施工过程受力安全，如图2.30所示。

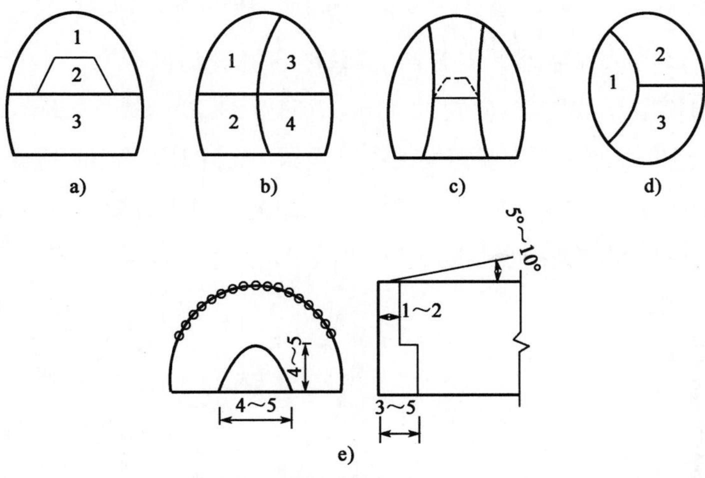

图2.30　山体隧道不良地质状况开挖支护空间稳定性控制（尺寸单位：m）

注：1. 当围岩稳定性较差时（土质、破碎体、无需爆破），则需要随开挖随支护，控制纵向开挖支护长度1～2m，防止围岩变形及产生坍塌；见图a)～e)，关键是承载结构层的有效性，特别是施工过程的空间稳定性（力学和变形控制）。

2. 当围岩较稳定且岩体较坚硬时（需爆破），施工往往先开挖隧道坑道断面，然后修筑支护结构，并且在有条件时可以争取一次把全断面挖成。

对于山体隧道的较大塌方空洞且地面变形要求不高的情况，可在隧道外缘采用管棚支护和插板形成棚架起支护作用，而塌方空洞采用充填轻质材料控制塌方空洞扩大和掉块，同时减轻支护荷载，达到限制塌方空洞的不利影响，见图2.31。上述措施本质上是确保$\Delta U>\Delta F$，其途径是通过管棚支护和插板形成棚架，起支护作用，提高系统抗力做功ΔU，通过充填轻质材料控制塌方空洞扩大和掉块，减轻支护荷载，减少荷载做功 $\Delta T(\Delta T=P\Delta S_1+W\Delta S_2)$，防止不利作用力和能量都向结构的薄弱部位转移或集中作用。

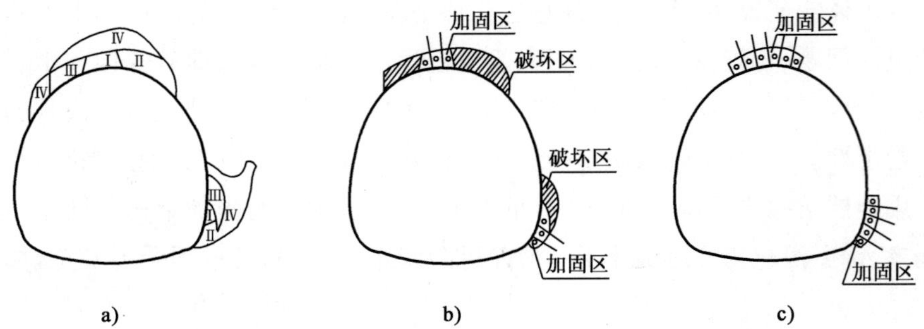

图 2.31　山体隧道一般地质状况开挖支护空间稳定性控制演变过程

图 2.32 为永加隧道的塌方情况，该隧道掘进到里程 K16＋183 掌子面时，造成洞顶塌方，塌方纵向宽约 11m，横向宽约 10m，高 22m，体积估计约 2420m³。经地表地质调查观察发现在里程 K16＋183 掌子面附近遇一隐伏断裂构造，走向北东，倾向北西，岩石中破碎夹层较多且部分厚度较大，破碎地段岩石稳定性差，塌方处剩余厚度 4.0m，塌腔厚度为 3.5m，其下部为塌方堆积物，有冒顶现象。

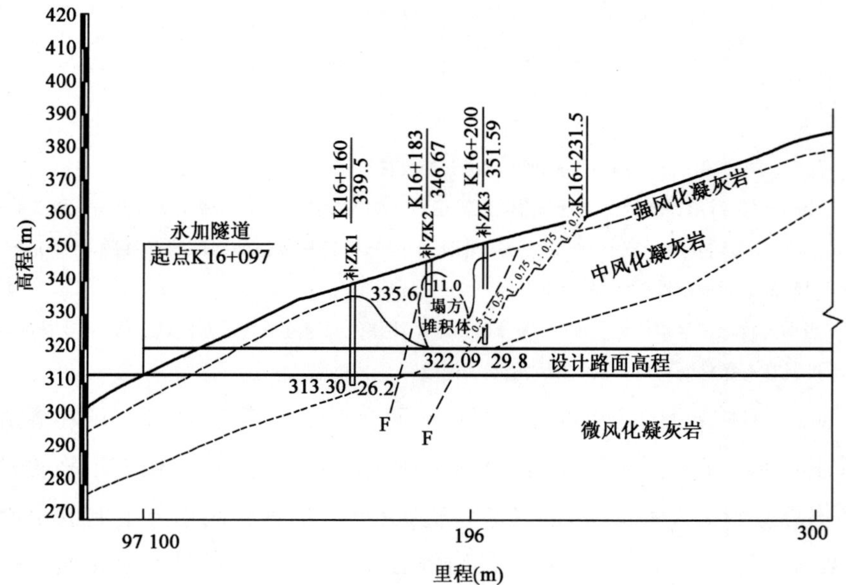

图 2.32　掘进中的永加隧道塌方示意图

隧道塌方的处治方案是采用管棚穿越塌方区，在管棚上方空腔中注满泡沫混凝土，待混凝土强度达70%后进行下步作业。泡沫混凝土填充后，能够防止空腔内的破碎岩体继续坍塌，同时也减轻了管棚上方的荷载，确保围岩和支护结构的安全。

2.4.3　盾构变形协调控制措施

工程结构不但要满足艺术上的形似平衡，更要从“力、变形、能量”等方面确保系统始终处于稳定平衡状态。确保“力、变形、能量”按设计路径传递及方式转化是结构稳定、安全、合理的基本要求，也是维持设计形式不产生有害过程的基础。根据实际情况，分别从“力、变形、能量”三要素中的一个或几个要素入手，可更好地控制地下工程结构行为。而确保结构的“稳定平衡与变形协调控制”，不仅需要目标控制，更需要围绕目标实现结构安全合理的过程控制，否则结构就会不稳定或破坏。以下通过盾构隧道施工案例，说明施工中应采用与目标相适应的具体保障措施，以实现隧道施工全过程的稳定平衡。

现阶段，多数设计和工程咨询只是针对整体结构完工后的荷载情况，参照规范进行设计和可行性论证，并使用设计措施开展构件设计。这种设计方法在结构形式和工程环境简单的情况下切实可行，但在结构形式和工程环境复杂多变时，却无法考虑荷载变化对结构稳定性的影响。盾构法施工，其技术集成度高、施工工艺复杂，隧道线路穿越地质环境亦复杂多变。盾构隧道的整体结构设计分析必须与结构构造措施及设计工法和实际施工工艺控制等相匹配，才能保证盾构隧道的稳定平衡与变形协调控制，以达到设计和施工目标。隧道力学响应与施工应力路径密切相关，这样隧道设计施工的实质就是确保软弱围岩稳定性控制的及时性与有效性的问题。

盾构隧道施工过程中，超挖、盾壳厚度及盾尾间隙等因素，会导致在地层中形成的空间大于管片外环空间，在管片与地层之间形成空隙，需要注浆填充以控制地层变形和管片姿态稳定，如依据浆液中是否掺有水泥等凝胶成分，可分为硬性浆液和惰性浆液。硬性浆液的早期强度和最终强度都要比惰性浆液高，但对注浆泵及注浆管路要求更高。在我国为节省注浆设备投入和浆液成本，同步注浆往往采用早期强度和最终强度都很低的惰性浆液。如图2.33所示，如同步注浆浆液不能及时固化，浆液会通过盾壳与围岩间隙流入盾构土仓内，流动性强液态浆液因土压平衡盾构螺旋式出土方式的保压效果不佳，造成土仓内压力波动大，易对开挖面的稳定控制造成较大的影响。

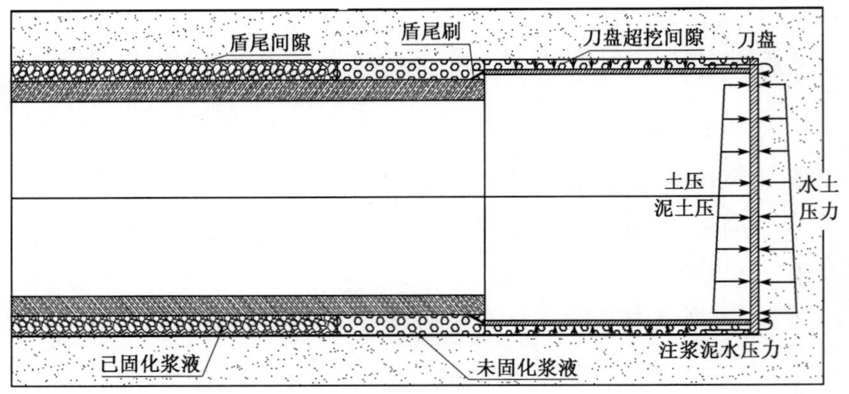

图 2.33　盾尾间隙及注浆示意图

因此，同步注浆浆液应选取固化较快、早期强度更高的硬性浆液，让固结的浆液能在较短时间内固定管片，使管片受到盾构推力能向地层传递，约束管片环变形（椭变易使圆形管片处在不利受力状态，同时导致地面变形），使成型隧道满足设计线形要求，并在管片外形成一道保护层；同时，填充空隙，以消除以上平衡状态的扰动因素，有利于地层与管片共同作用稳定平衡与变形协调控制，确保盾构隧道质量安全，如图 2.34 所示。

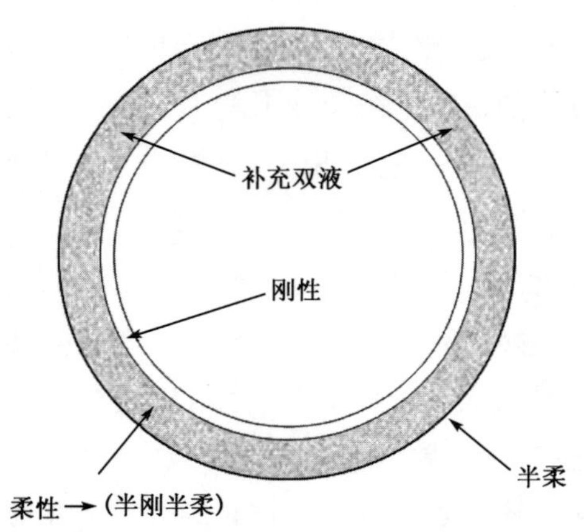

图 2.34　盾构断面注硬性浆液示意图

从变形是否协调来看(图 2.34——硬性浆液有利于协调柔性地层至刚性管片的过渡;图 2.35——均匀弹性隔层轮胎比橡胶充分轮胎更好控制轮胎内圈变形协调控制与均匀受力),相对而言管片为刚性材料、土体为半柔性材料。惰性浆液的初期强度较低,属于柔性材料,刚度不协调容易造成盾构管片不稳定或土体变形不容易协调。硬性浆初期强度较高,相当于半刚半柔性材料,容易使盾构与地层共同作用体系达到稳定平衡与变形协调控制。现阶段也有同步注惰性浆液后二次补注双液浆的工法,其原理与注硬性浆液相似。

图 2.35 有利于克服不利冲击的特殊轮胎车辆照片

软弱地层开挖后形成坍落空间,改变了地层原始状态稳定性和受力状况,要基本保持地层原始状态受力和变形状况,必须提供预支护或及时同步充填强度和刚度比原状土大的材料,才能达到完全充填和固化等要求,更能有利于控制地层变形。对于相对稳定无承压水环境的地层,也可采用混凝土输送泵同步输送类似砂浆、比重约为原状土、可泵性好的细砂混合物填充盾壳和盾尾空隙。另外,对于渗透系数小的淤泥质土或黏性土等地层,在盾构通过一定距离后容易产生失水固结,这时应该通过管片补充注浆,以消除地层固结影响。这样才能保持结构与土体共同作用的平衡稳定性,以满足工程结构稳定平衡与变形协调控制要求。

2.4.4 双液浆二次补注工法

通常,依据可塑状态保持的时间,可将浆液分成两种:一是可塑状态保持长达 5～30min 的浆液,称为特殊的可塑态浆液;二是固结型,固结型又可分为凝胶时间大于 30s 的早期强度极低的缓凝固结型和凝胶时间小于 20s 的早期强度高的瞬凝固结型。

管片注浆,采用可塑型浆液,随着注入范围的扩大,浆液依次压入,尽管注入压力低,但浆液仍能大范围地充填。由于是可塑态固结,逐渐向前移动,直到完全充填盾尾空隙,由于浆液的黏性非常高,所以很难向周围土体中扩渗,此种浆液可有效地充填到上部的限定范围。盾构施工中,同步注浆通常采用单液浆,在地下水丰富的情况下,浆液难以达到较好的充填性、限域性、凝固强度,因此,对地层填充的效果不甚理想。

采用双液注浆二次补注工法,不损失流动性,仅在限定范围内注浆的方法,即在双液型浆液中添加短凝和可塑性成分,使限域注入成为现实。当浆液充填尾隙后,希望浆液能尽早固结且强度能与围岩土体强度接近。因此,对双液型浆液的早期强度规定 1h 后抗压强度的大致目标为 0.1MPa,如早凝型浆液的凝胶时间过短,注入还没结束,浆液便失去了流动性,导致充填效果不好。

从变形是否协调来看(图 2.34),相对而言管片为刚性材料、土体为半柔性材料。惰性浆液的初期强度较低属于柔性材料,刚度不协调容易造成盾构管片不稳定或土体变形不容易协调。双液浆初期强度较高,相当于半刚半柔性材料,容易使体系达到平衡稳定、变形协调控制。

盾构同步注浆后每隔几环加注双液浆,形成类似于水桶箍的浆脉骨架,有利于铰接管片均衡受力,提高铰接管片受力的稳定性,也可用整体施加预应力来提高稳定性,而理论分析解决不了稳定性问题。因为成型盾构隧道的平衡与不平衡受力以及隧道是否均匀受径向水土压力的约束情况,与有、无箍的空木桶受力原理相类似。将有箍、无箍空木桶水平倒放后,在桶上部施加竖直向下力,桶承受荷载的大小明显不同,此模型可用来模拟隧道周边受不平衡力的情况。桶箍对桶产生的径向约束力,可比作隧道在地层中受到的均匀水土压力。相对于无箍木桶,可比作隧道外周无均匀约束力,受力后的变形不能协调,类似于局部受力。通过调整桶箍的紧固程度,来调整桶周所受约束力的大小。由于木桶外周箍的约束作用,使得桶体变形受到限制,每块木板形成整体,木桶外大内小,各木板接触侧面及连接榫共同提供反力,使得木桶的受力稳定及变形协调控制,能承受较高压力。无箍木桶每块木板没有箍的约束,没能产生预压应力;且每块木板的变形没能约束限制,一旦单块木板受力产生不协调变形，脱离整体，木桶的整体受力平衡体系就被破坏。例如，以竖向拼装成环的管片为例(图 2.36)，管片类型为：内径 5.5m，外径 6.2m，长度为 1.2m，厚度为 0.35m。单环管片自重 19.3t，即上半部管片自重即达到 9.65t，如下半部管片没有有效的径向支撑力，以约束管片的整体变形，即便是管片仅受上部管片的自重力影响，也会导致管片难以竖向成环。

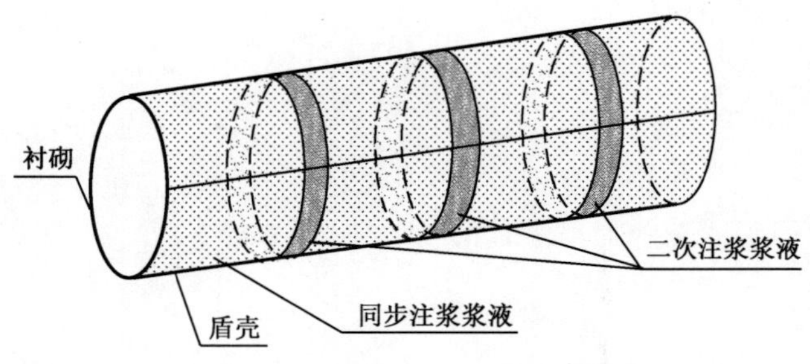

图 2.36　软弱地层铰接管片稳定性分析图

当盾构通过重要管线及建筑物时，为控制地面变形及对建(构)筑物的影响，通常采用通过管片进行二次补注掺加一定 B 液的浆液，通过调节浆液的凝固时间，可较好地充填盾尾间隙，并控制地面变形。单液型与双液型浆液填充控制地面变形效果对比如图 2.37 所示。

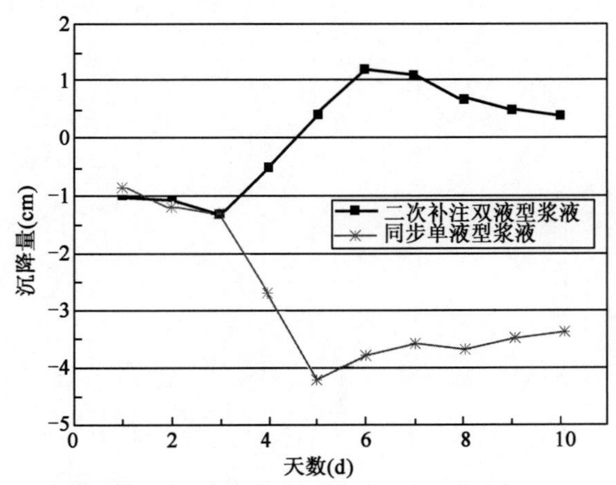

图 2.37　单环单液型与双液型浆液填充控制地面变形效果对比

第二部分

山岭隧道建设中
平衡稳定理论应用

3 土石混合松散地层隧道施工变形协调控制技术

1)基本情况

根据地质勘探资料，某隧道进洞口端洞顶以上主要为⑧$_1$层，含砾粉质黏土，松散状，厚20～25m，层间夹有大量块石；以下为⑨层风化基层，强风化层厚2～5m，岩体极破碎；中风化层厚10～20m，围岩稳定性为极差～差。该处地下水以第四系松散岩类孔隙水与基岩裂隙水为主，地下水影响明显，开挖时洞内渗水比较严重，并可能出现短时间涌水现象。当地老百姓反映暴雨期间地表无径流，说明地层松散漏水严重，与洞口路堑开挖状况和地质图吻合，见图3.1。

图3.1　隧道进洞口地质图

隧道进洞口明暗洞交界位置有大量孤石存在，2014年3月20日，经设计、业主、监理、施工等各相关单位在现场踏勘后，将进洞方案进一步优化，暗洞在原设计位置推进5m(K1＋701调整为K1＋706)，施工后存在如下问题，造成现场很难施工：

(1)明洞边仰坡第一台阶开挖支护后，在开挖第二台阶时下面出现坍塌。

(2)大管棚套拱基础挖到隧道圆心点位置时下面是灰褐色粉质黏土，越挖越软，受水浸泡后性质同淤泥。

(3)在套拱顶上下部及右边边坡渗水严重。

(4)明洞基础承载力不足。

2)初期施工方案

对明洞边坡进行放缓，放坡系数调整为 1∶1，自上而下开挖，每次开挖高度控制在 2m 左右，边开挖边支护，同时支护参数调整为 C20 喷混凝土厚度 15cm(ϕ6.5-20cm×20cm)双层钢筋网片。ϕ42 注浆小导管(长 4m，间距 1.0m×1.0m)呈梅花形布置。同时开挖、喷混凝土、锚杆、挂网。

(1)地表排水：隧道左侧有一条大型沟谷，这条大型沟从隧道进洞口位置一直往山中延伸，到 220m 时都是干沟，220m 以外有水流动。为了不让沟水渗到地下而影响隧道施工，此段采取引导的措施，将现有沟渠采用 30cm 厚 C20 混凝土进行铺砌防止明水外渗，一直与下游改沟相连接，同时改沟段也同样采用 30cm 厚 C20 混凝土进行铺砌，防止水渗漏到明洞段和路段，溪沟铺砌长度约 426m。

(2)右侧沟谷离暗洞口 30m 的地里小沟水，采用开小沟、把水排到明洞外的截水沟中去，见图 3.2。

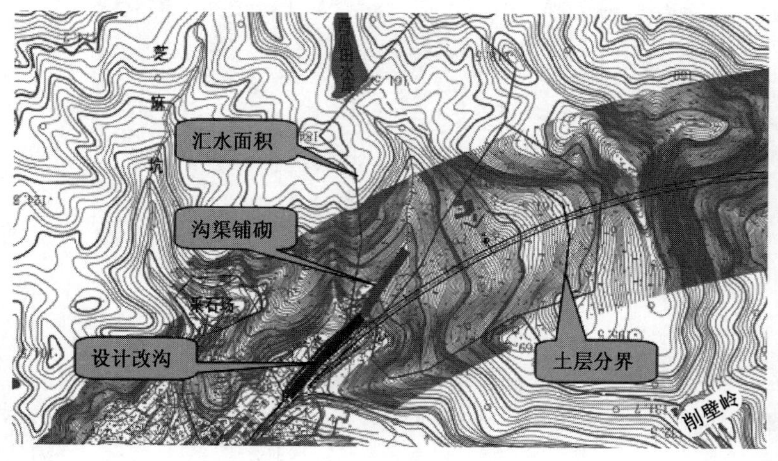

图 3.2　现场施工地形图

(3)暗洞排水。

①少量渗水处理措施,可以在初期支护后进行,如在拱边墙面上看到有出水点,实行打孔插入 PVC 管进行引流(或者 ϕ5cm 软式透水管)。

②大量渗水(拱边墙渗水),应在初期支护前就先处理,同样对出水点进行打孔,插入 PVC 管引排(或者 ϕ5cm 软式透水管)。

根据原设计,明洞基底采用 50cm 厚 C20 混凝土进行换填。据地质报告,含砾粉质黏土层的地基承载力为 200～260kPa,现状地基承载力较低,究其原因主要是由于排水不畅,水将地基土软化导致的。所以在排水畅通后,需要对地基土进行地基承载力测试,若承载力达不到 300kPa,则需要根据实测数据验算 50cm 厚 C20 混凝土是否满足承载力要求;若不满足,初步确定底部再换填 1m 厚宕渣;若仍然不满足,则需设置钢管桩加固或再考虑其他方案。

(1)管棚施工。

由于洞顶覆盖层围岩非常松散,并夹杂大量块石、孤石,施工中可能会出现塌孔、偏向、钻进困难等因素。为了确保管棚施工质量及要求,采用跟管大管棚工艺施工。原设计大管棚:按中心角度 100°布置,环向间距 42cm,每环共计 35 根。为了确保施工安全,防拱边墙坍塌,加强拱边墙自稳能力,增加管棚根数,大管棚应按中心角度 120°布置,环向间距 42cm,每环共计 43 根。管棚施工长度为 52m(K1＋704～K1＋756)。

(2)暗洞开挖与支护。

进口(K1＋706～K1＋751)段 S5-2 施工,共长 45m,洞顶以上为粉质黏土、松散状,自稳定性差,为了提高围岩稳定性,保证掌子面施工安全,减少塌方,采用留核心土环形开挖法,每台阶长度为 2m,每循环进尺控制在 50cm,实行边开挖边支护,在拱边墙纵横向采用小导管支护,隧道底部采用 ϕ70 小钢管桩,同时增加支护参数,18 号工字钢改为 20 号工字钢,纵向间距 50cm,增加锁脚锚杆(长 3.5m)道数,喷混凝土厚度 26cm,增为 30cm,同时明洞长度可以缩短 15m(K1＋680),见图 3.3。

因此,该隧道初期施工方案存在如下问题:

(1)明洞边坡排水方法不利于施工中的边坡稳定。

(2)纵向开挖没有及时封闭的距离偏长,不利于施工中的受力平衡。

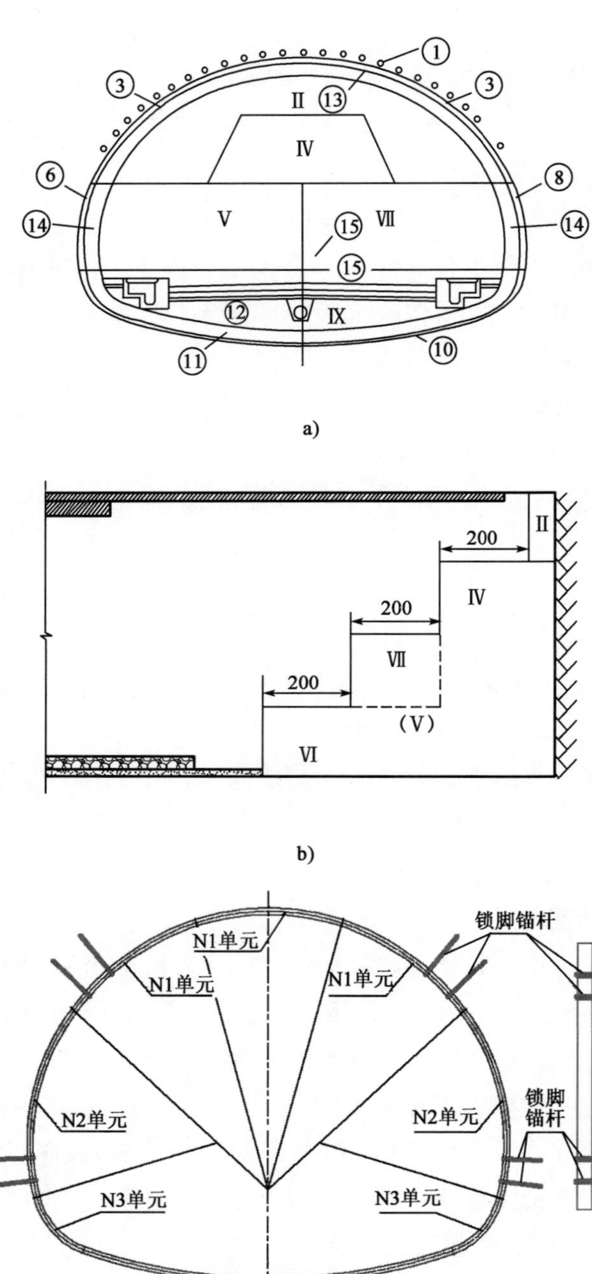

图 3.3 暗洞开挖与支护示意图(尺寸单位:cm)

(3)初期支护上层钢拱架施工中不能独立成环,不利于施工中的受力平衡与变形控制。

(4)隧道底部施工中换填碎石层不能及时封闭底部,可能会造成下层初期支护挤压变形甚至破坏。

上述4个问题可能存在施工风险,也不利于保护隧道洞口山坡上的坟墓和植物,切记!

3)改进施工方案

针对初期施工方案存在的4个问题,经过设计施工单位核对,在初期施工方案的基础上进行改进,如图3.4~图3.7所示。

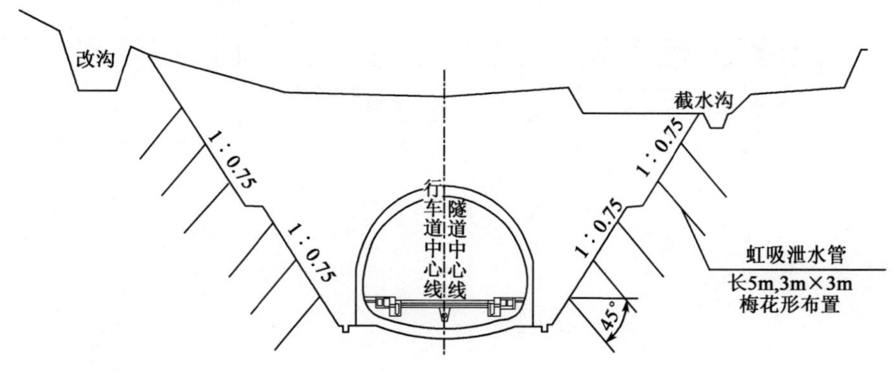

图3.4 明洞边坡排水图

因此,该隧道改进施工方案能够满足施工过程中隧道开挖线周边甚至掌子面的稳定,避免施工风险,有利于保护隧道洞口山坡上的坟墓和植物。

4)试验验证

为了验证隧道改进施工方案的正确性,特在隧道底部、中部取规格为直径900mm,高2 000mm的圆柱体试样,其构成结构较为复杂,为强风化碎石、碎石和土的混合物(图3.8)。通过试验认识隧道底部和中部围岩变形与抵抗力的关系,验证不良地质状况隧道施工过程中开挖支护空间稳定性的重要作用,如图3.9、图3.10所示。

图3.9中抵抗力位移变化总趋势是跳跃式突变,说明隧道围岩为强风化碎石、碎石和土的混合物时,隧道侧压力越大,围岩变形呈跳跃式突变增加,有效控制隧道围岩变形协调至关重要。图3.10中软土围压150kPa时位移量为

4mm，软土围压 300kPa 时位移量为 2mm，说明隧道支护刚度大，软土围压大，围岩变形就小，能够较好地控制隧道围岩变形或突变。因此，隧道改进施工方

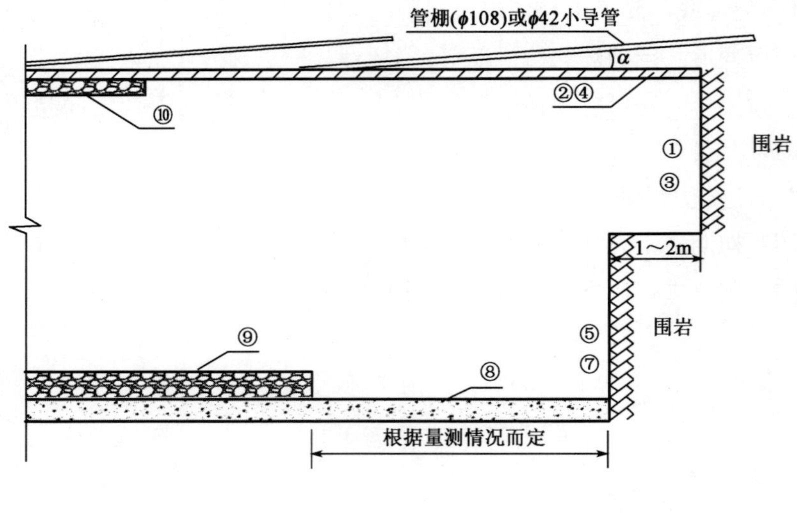

a)

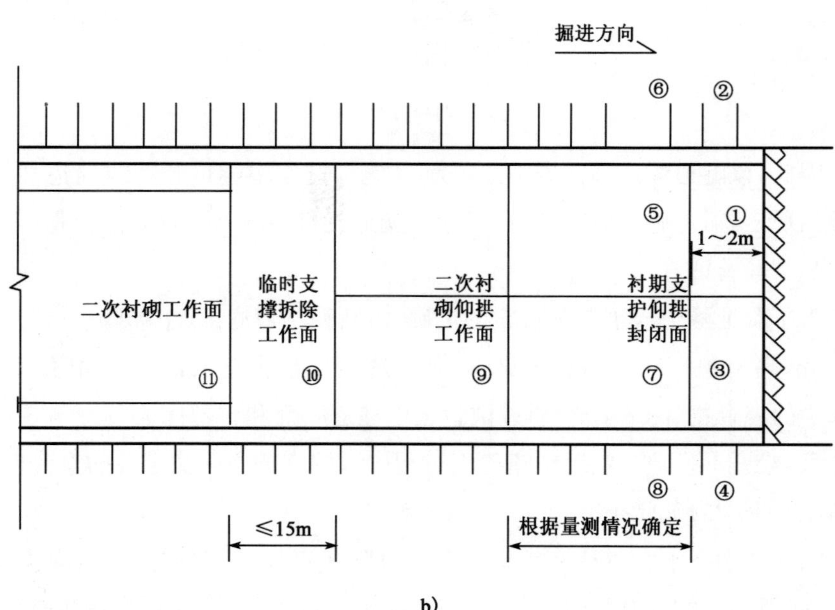

b)

图 3.5　纵向开挖步序图

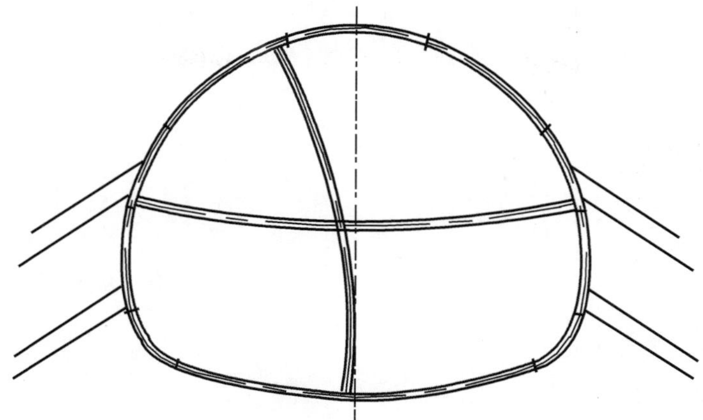

图 3.6 钢拱架构造图

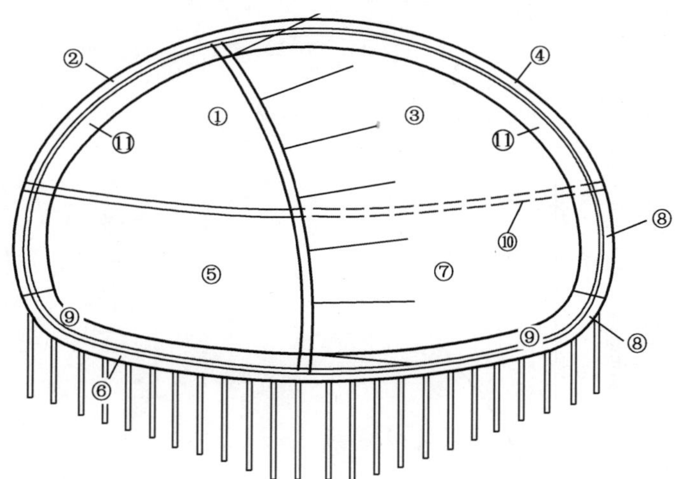

图 3.7 隧道底部加固图

图 3.8 试样构造图

案中超前支护、随挖随护，每一步确保隧道施工过程中开挖支护空间稳定性非常重要，否则，隧道围岩变形不能有效控制，就会产生跳跃式突变，危及隧道施工安全。

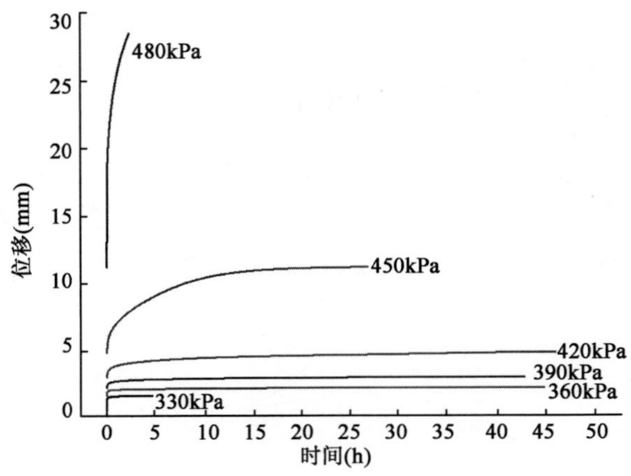

图 3.9　软土对不同轴向压力的变形响应图

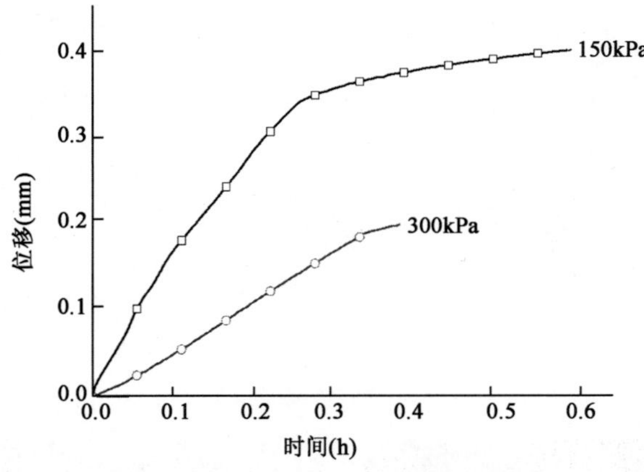

图 3.10　软土对不同围压的变形响应图

4 隧道穿越运营公路合理工法分析

已有高等级道路下修建隧道主要控制目标是道路路面的沉降要小于一定限度，保证道路正常通行，此类工程建设选择合理工法尤为重要，因此，选择合理的隧道修建方案，控制地层沉降，对已有道路的影响控制在允许的范围内具有重要意义。

1)工程背景

某隧道下穿高速公路，隧道平面图如图4.1所示。拱顶距公路路面净距为3.5～5m，属于浅埋路段，如图4.2所示。隧道主要穿越全、中风化花岗岩，全风化层厚度较大，棕黄色，风化强烈，见残余结构，岩芯基本呈砂土状。地下水主要为基岩裂隙水，储存于破碎岩体内，水量较贫乏，受大气降水入渗补给，雨季水量会增大。

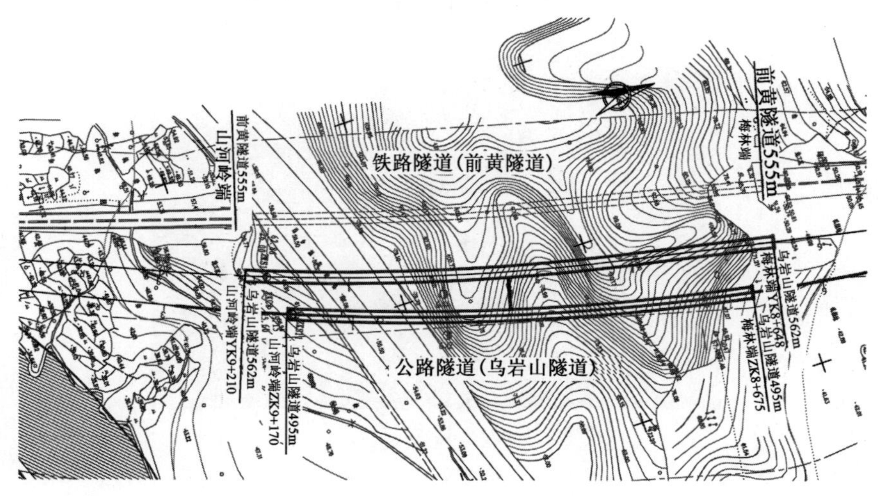

图4.1　隧道平面图

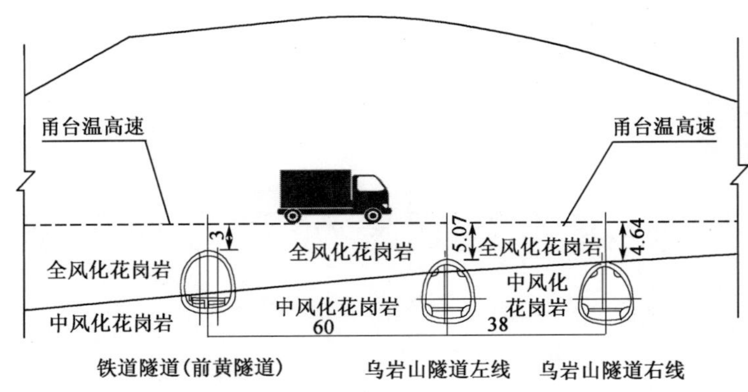

a)(尺寸单位:m)

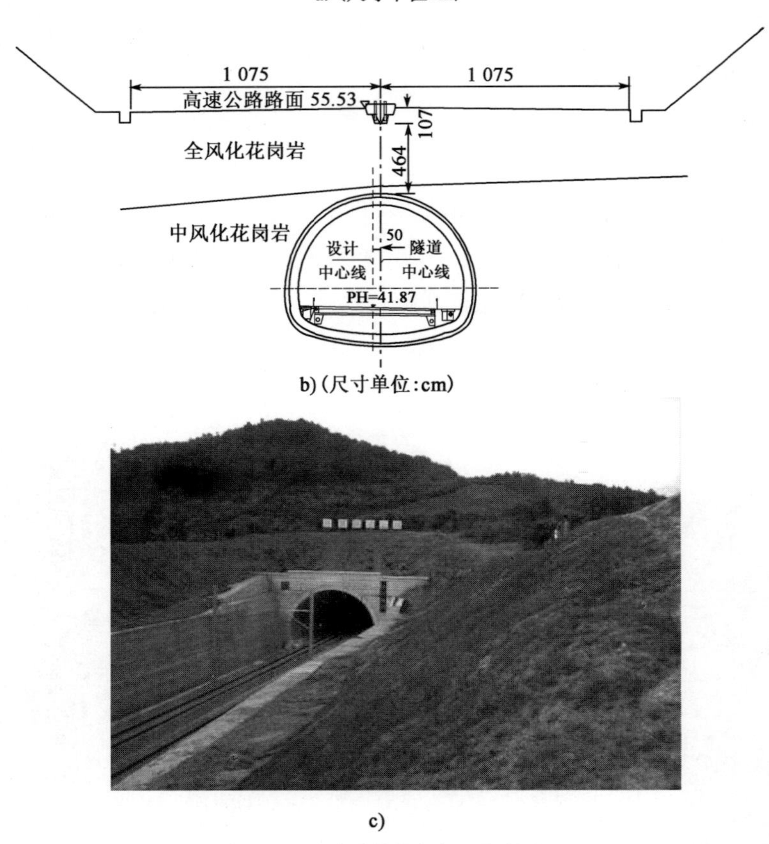

b)(尺寸单位:cm)

c)

图 4.2 铁路隧道下穿高速公路图示

a)铁/公路隧道断面图;b)隧道与高速交叉断面图;c)铁路隧道下穿高速公路示意图

在类似图 4.2 所示隧道施工过程中，为确保工程结构安全，可采用王梦恕院士等创立的“浅埋暗挖法”理论和工法，参照相关隧道设计、施工规范的有关规定进行设计和施工，并按太沙基或普氏理论确定围岩作用于衬砌顶部的压力和预支护技术控制围岩变形。这时划小断面分步开挖、及时强支护（少进尺）短距离及时封闭就很重要，核心是地下工程承载结构层的有效性和承载结构层形成的及时性与空间稳定性（时空效应），即基本维持围岩原始状态并预防和严控隧道围岩局部破坏或失稳引发隧道整体失稳问题，施工过程中每步骤隧道围岩和支护系统共同作用满足稳定平衡与变形协调控制。

2）类似隧道设计方案的启示

该隧道初步设计审查方案如图 4.3a）所示。在该方案中，上部弧形导坑开挖出围岩面积过大，施加初期支护时间较长，没有及时封闭底部而形成隧道支护闭合环，不能满足隧道围岩保持平衡稳定与变形协调控制，不利于隧道变形控制，可能导致上部围岩松动和路面过大下沉。某隧道曾采用此方案引起事故，如图 4.3b）所示。

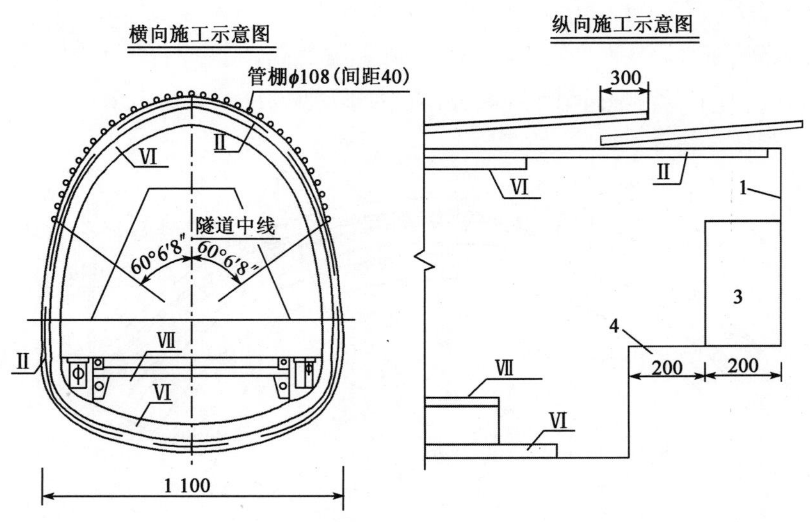

a）

图　4.3

b)

图 4.3　某浅埋隧道施工方案失效图(尺寸单位:cm)

a)隧道施工方案;b)失效图

下面介绍穿越公路的铁路隧道支护及施工方案。

(1)超前支护

施工采用 ϕ150mm 超前长管棚,长管棚采用壁厚 6mm 的热轧无缝钢管,为保证管棚的施作效果及施工质量,管棚采用公路两侧各打 45m 中间搭接 30m 的方式施工,管棚环向间距 40cm,如图 4.4 所示。

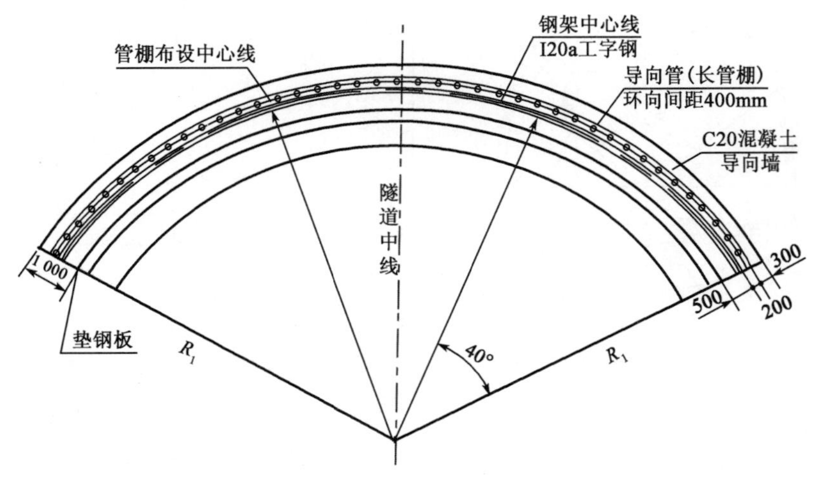

图 4.4　铁路隧道超前管棚支护图(尺寸单位:mm)

出口管棚里程为DK70＋274～DK70＋229，施打前先将出口端靠近公路边沟处采用明挖，施作管棚工作室；洞内管棚里程为DK70＋215～DK70＋260，为确保管棚能正常施打，开挖DK70＋200～DK70＋215段时，拱部120°范围内沿径向扩挖1m，作为管棚施工工作室。

管棚钻头采用直径180mm，管棚中安装钢筋笼，钢筋笼采用4根ϕ22mm主筋焊接，提高管棚的抗弯能力。

(2)支护措施

为确保初期支护的强度，尽量减少路面的变形，在保证终二次衬砌厚度的情况下，增加一道初期二次衬砌。即在双侧壁导坑法开挖时，每开挖一部分，初期支护一部分，同时施作该部分隧道的初期钢筋混凝土二次衬砌，初期二次衬砌厚度为20～25cm。

初期支护采用I20a工字钢拱架加强，纵向间距按0.5m一榀布置。

(3)开挖方法

开挖采用双侧壁导坑法进行开挖，如图4.5所示。其施工步骤如下：

①利用上一循环架立的钢架施作隧道超前支护；弱爆破开挖①部；喷8cm厚混凝土封闭掌子面；施作①部导坑周边的初期支护和临时支护，即初喷4cm厚混凝土，架设I20a钢架及I18临时钢架，并设锁脚锚管，安设I18横撑；钻设系统锚杆后复喷混凝土至设计厚度；施作Ⅰ部初期二次衬砌混凝土进行永久支护。

②在滞后于①部一段距离后，弱爆破开挖②部；喷8cm厚混凝土封闭掌子面；导坑周边部分初喷4cm厚混凝土；架设②部I20a钢架及I18临时钢架；钻设系统锚杆后复喷混凝土至设计厚度；施作Ⅱ部初期二次衬砌混凝土进行永久支护。

③利用上一循环架立的钢架施作隧道超前支护；弱爆破开挖③部并施作导坑周边的初期支护和临时支护，步骤及工序同第一步。

④弱爆破开挖④部并施作导坑周边的初期支护临时支护，步骤及工序同第二步。

⑤利用上一循环架立的钢架施作隧道超前支护；弱爆破开挖⑤部；喷8cm厚混凝土封闭掌子面；导坑周边初喷4cm厚混凝土，架设⑤部I20a钢架；钻设系统锚杆后复喷混凝土至设计厚度；施作Ⅴ部初期二次衬砌混凝土进行永久支护。

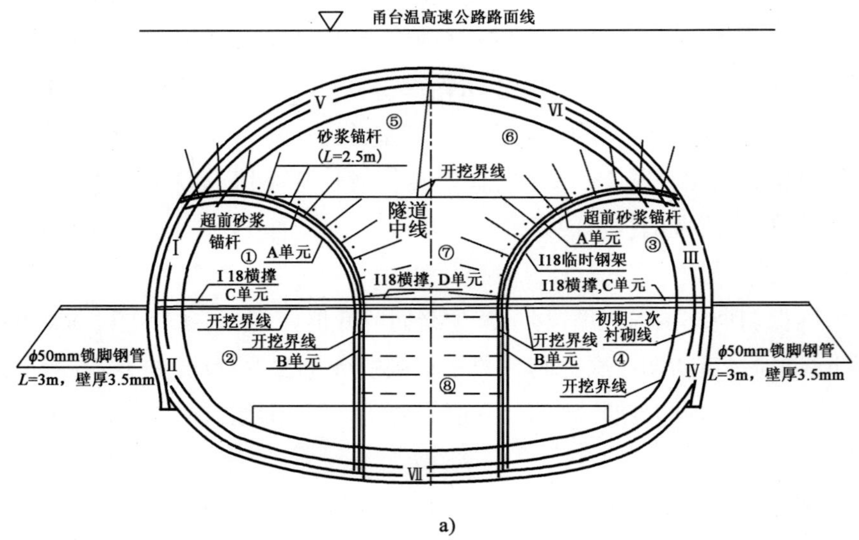

a)

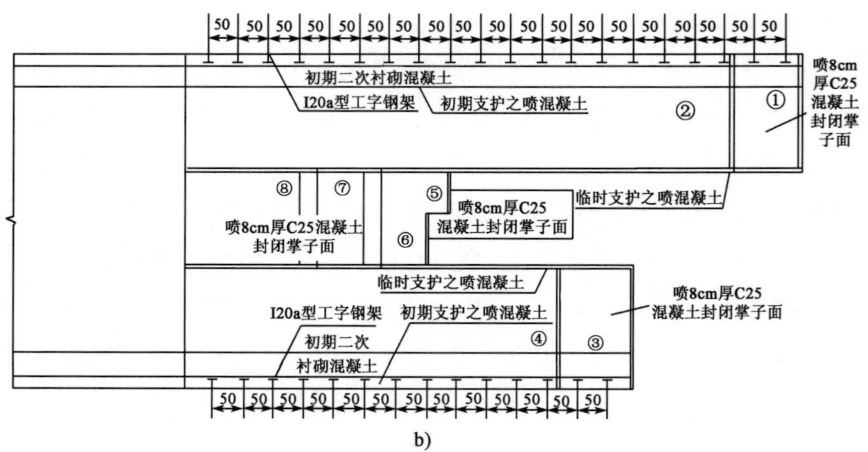

b)

图 4.5　铁路隧道双侧壁导坑施工图(尺寸单位:cm)

a)施工横断面图;b)施工水平断面图

⑥利用上一循环架立的钢架施作隧道超前支护;弱爆破开挖⑥部并施作导坑周边的初期支护和临时支护,步骤及工序同第⑤步。

⑦弱爆破开挖⑦部;喷 8cm 厚混凝土封闭掌子面;安设⑦部 I18 横撑。

⑧弱爆破开挖⑧部;喷 8cm 厚混凝土封闭掌子面;导坑底部初喷 4cm 厚混凝土,安设 I20a 钢架使钢架封闭成环,复喷混凝土至设计厚度;施作Ⅶ部初

期二次衬砌混凝土进行永久支护。

⑨逐段拆除靠近已完成衬砌范围内两侧壁底部钢架单元。

⑩灌注Ⅸ部仰拱及隧道底部填充。

⑪根据监控量测结果分析，拆除 I18 临时钢架及临时横撑。

(4)爆破方法

施工爆破时控制爆破震速 3cm/s 以内，保证路面最少限度地受到爆破的影响。具体措施如下：洞内单响最大一段装药量控制在 1.004kg 以内，并且洞内爆破严格按照短进尺，每循环最大进尺 0.7m，将断面按照设计要求，分 8 部分开挖，同一次开挖，用毫秒雷管微差，达到爆破震速 3cm/s 以内，保证路面不会因爆破受到损害。

(5)施工期间甬台温高速交通组织

隧道下穿甬台温高速期间，为尽量减少直接作用在隧道开挖掌子面的荷载，当隧道开挖至甬台温高速下方时，通过临时交通组织封闭其中一个车道来避开下方隧道开挖掌子面，见图 4.6。

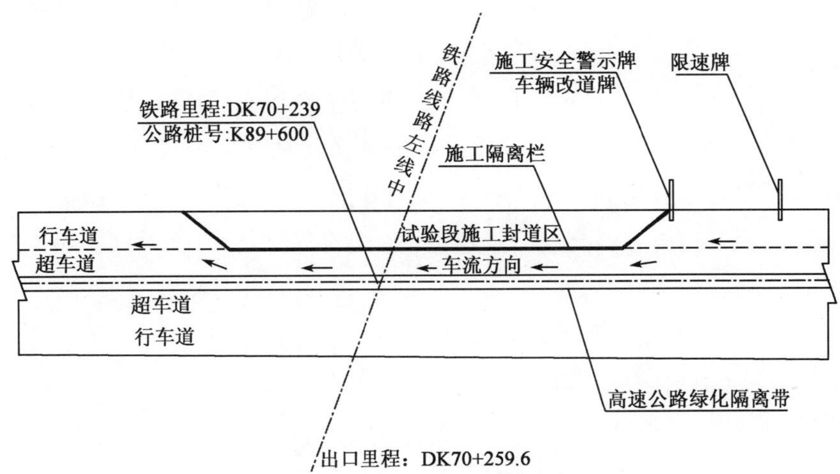

图 4.6　铁路隧道施工期间高速公路交通组织图

3)公路隧道施工方案

因为不能影响邻近已运营铁路隧道和最大限度减少对高速公路通行的影响，公路隧道开挖不采用传统爆破施工，只能采用机械开挖施工，见图 4.7。由于开挖机械要求不得碰到铁物，施工方法不得采用临时支护，所以乌岩山隧道下穿甬台温高速段采用预留核心土环形开挖法。采用机械开挖可以将因爆破开挖法对围岩的扰动减至最小，同时也能尽量减小对甬台温高速公路的运营安全影响。

图 4.7　开挖机械照片

为了适应该机械开挖方案，对下穿甬台温高速隧道区段的支护参数重新进行了拟定，并采用 MIDAS GTS 软件对施工过程进行了模拟验算，一方面可以得到施工过程中各开挖阶段的支护结构受力和变形情况，另一方面可以获得该开挖方法对甬台温高速的沉降影响。由此来进一步确定该开挖方案的可行性，以及为施工期间优化支护参数和开挖工序、监控量测控制值提供参考，从而确保下穿甬台温高速路段隧道的施工安全和隧道施工期间甬台温高速的运营安全。

施工工序如图 4.8 所示，图中：

①——拱部超前小钢管支护；

②——上弧形导坑开挖；

③——上弧形导坑初期支护；

④——上台阶预留核心土开挖；

⑤——下台阶左侧壁及左侧仰拱开挖；

⑥——下台阶左侧壁及左侧仰拱初期支护；

⑦——下台阶右侧壁及右侧仰拱开挖；

⑧——下台阶右侧壁及右侧仰拱初期支护；

⑨——仰拱二次衬砌浇筑及回填；

⑩——浇筑二次衬砌混凝土。

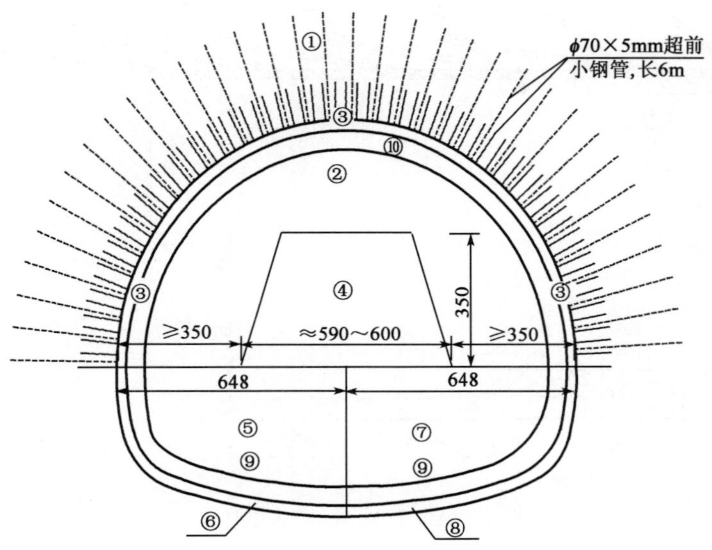

a)(尺寸单位：cm)

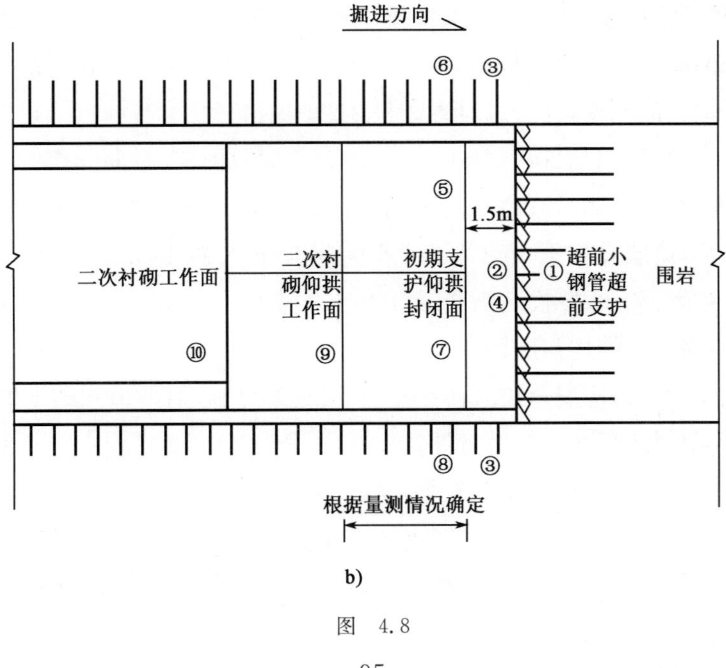

b)

图　4.8

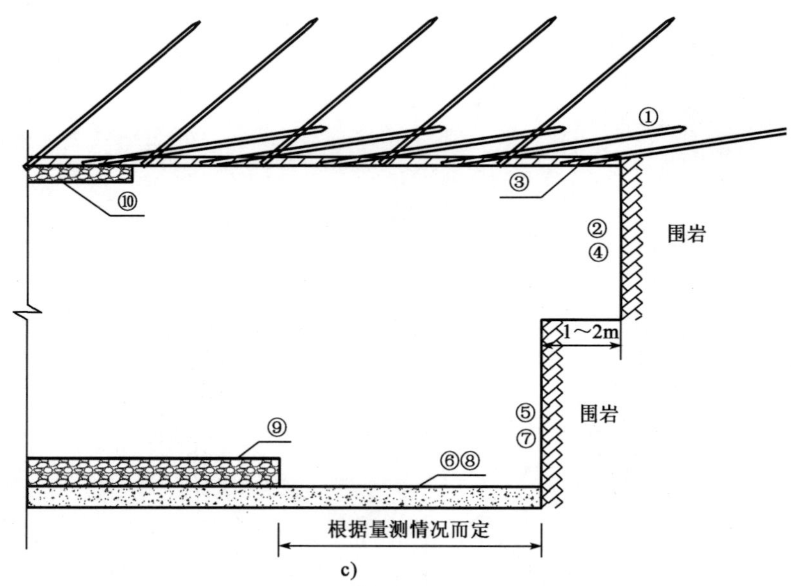

图 4.8　公路隧道开挖支护工序图

为提高初期支护刚度，对初期支护进行了加强。

拱部超前支护：采用 ϕ70-5mm 双排小钢管超前预注浆支护，长度为 6.0m，两排小钢管之间纵距为 1.5m。第一排小钢管仰角 35°超前预注浆，环距 0.6m，纵距 3.0m；第二排小钢管仰角 5°～10°超前支护，环距 0.3m，纵距 3.0m，为增强第二排钢管的刚度，在管内设置 3 根 ϕ22 的钢筋。

初期支护：采用 H200×200×8×12(cm)型钢钢架，纵向间距 0.5m；C25 钢纤维喷混凝土厚 28cm；E6 双层钢筋网(15cm×15cm)；拱部 100°范围系统锚杆不设置，边墙设长 4.0mϕ25-5 中空注浆锚杆，环距 1.0m。

二次衬砌：50cm 厚模筑钢筋混凝土二次衬砌。

(1)初期支护结构强度计算

为保证永久结构安全，在进行施工阶段计算之前，对隧道初期支护强度进行核算，采用同济曙光软件进行计算。

埋深较小、围岩较差的情况下，围岩基本无自承能力，需要进行强支护。由于二次衬砌不能及时施作，初期支护需要承担开挖后的全部荷载。

围岩采用Ⅵ级围岩参数，荷载采用浅埋隧道荷载模式，同时计算上车辆荷载的影响。计算结果如图 4.9、图 4.10 所示。

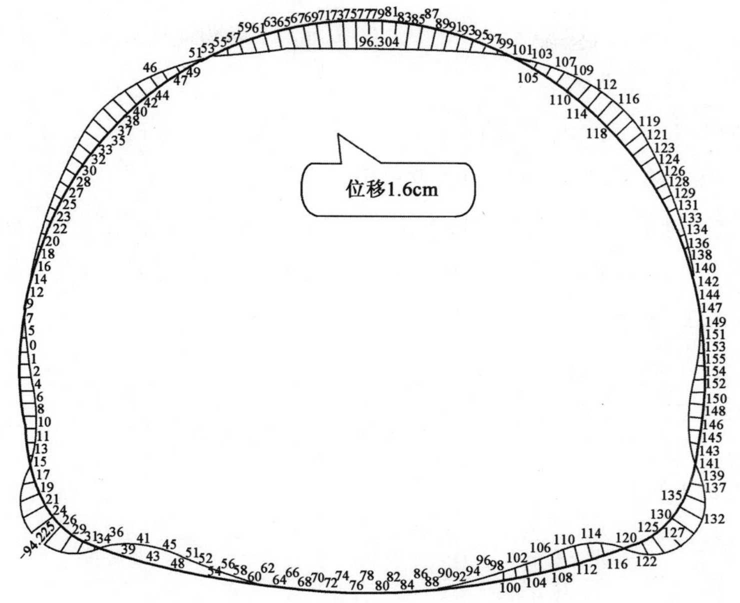

图 4.9 初期支护弯矩图

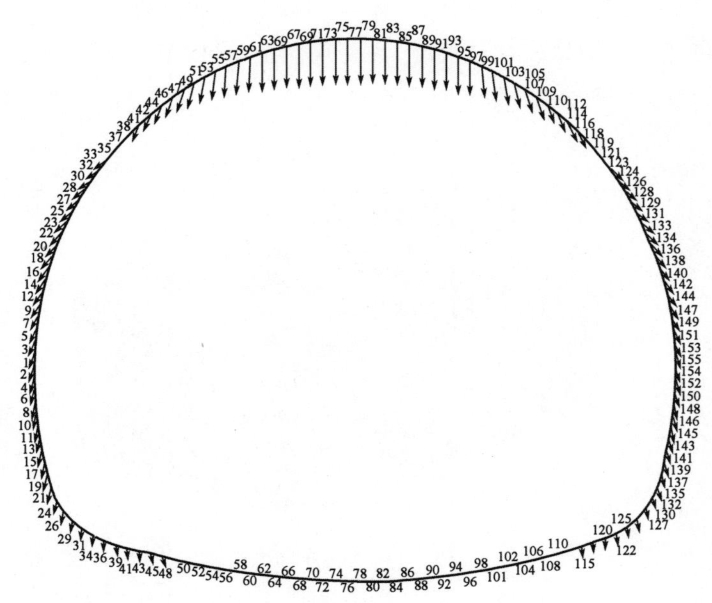

图 4.10 位移图

由计算可知，弯矩最大值在拱顶位置，最大为 96kN·m，拱顶最大竖向位移为 1.6cm，所用钢拱架为 H200×200×8×12(cm)型钢钢架，纵向间距 0.5m，可满足受力要求。

(2)预留核心土环形开挖法施工方案三维数值模拟分析

①有限元模型、参数及模拟工况简介

本次计算所取数据是根据相应钻探资料并结合地区经验选取的，如表 4.1 所示。由于土层参数的变异性，仍然存在一定的误差，但是大体上是可以反映该区段土层物理力学性质的。

表 4.1 土层参数表

层号	名称	弹性模量(MPa)	重度(kN/m^3)	内聚力(kPa)	内摩擦角(°)
1	全风化花岗岩	23.0	18.5	30	20
2	强风化花岗岩	150.0	21.0	50	25
3	中风化花岗岩	2 000.0	23.0	500	35
4	经注浆的强风化花岗岩	300.0	20.0	100	30

两隧道间距离较大，采用机械开挖时，两洞之间的影响较小，且建议一侧隧道施工通过高速下穿段后，再施工另外的隧道，以错开时间，将两洞之间的影响减小到最低。数值模拟建模时，为简化模型，只模拟一个洞体施工时对高速的影响，模型见图 4.11、图 4.12。

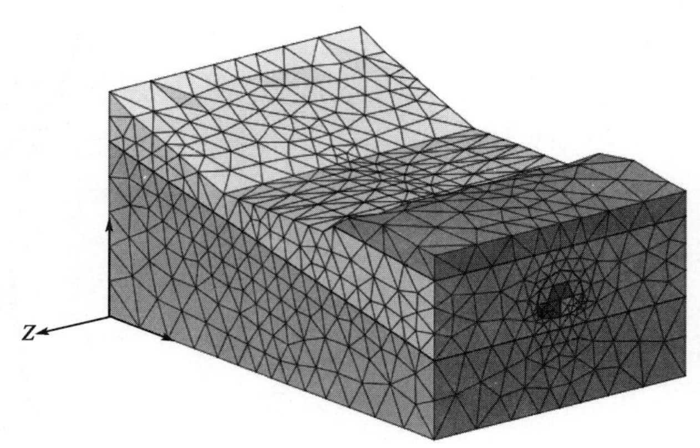

图 4.11 三维模型

施工方法采用台阶留核心土环形开挖法，核心土两侧留至少 3.5m 宽通道。开挖顺序是首先开挖上导坑，留核心土，核心土长度保持在 1.5m，然后开挖核心土，核心土与左边墙开挖留 1.5m，然后开挖右边墙，各阶段开挖完毕后及时进行支护，见图 4.13。

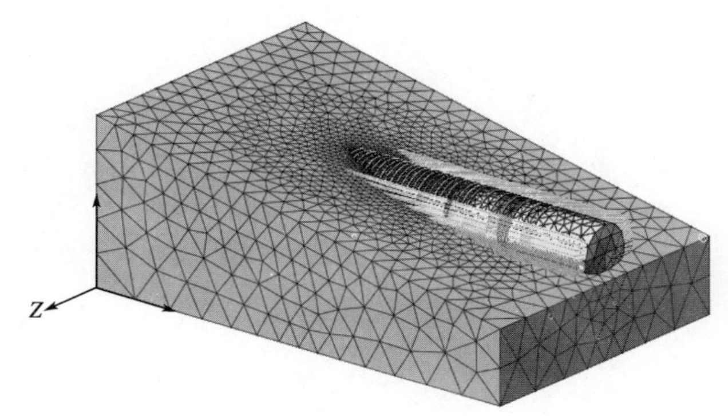

图 4.12 隧道模型

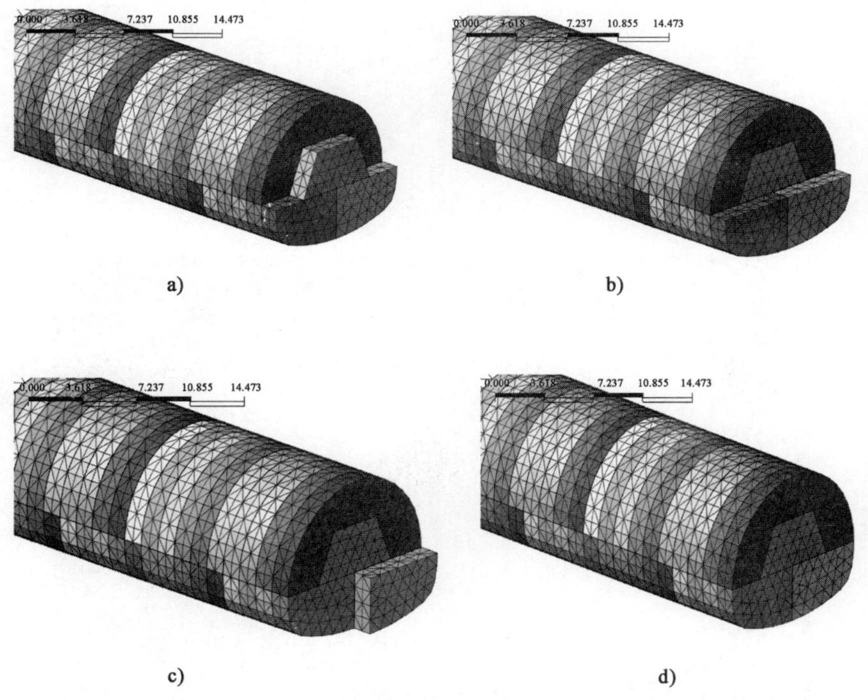

图 4.13 开挖方法

在上导坑开挖过程中，掌子面有 1.5m 的段落仅仅有超前支护，无法及时施作初期支护，此段为最危险的状态。

②工况模拟及结果分析

a. 高速路沉降

设计采用双排小钢管加固。经计算最大竖向位移发生在隧道拱顶，仅为7.6mm，反映到高速公路上的沉降更小，为4.5mm，见图4.14、图4.15。这反映了在强大的超前支护作用下，可有效地控制围岩的竖向变形，核心土的存在也限制了未支护段掌子面及左右边墙的稳定，所以双排小钢管超前支护是可行的。

图4.14 竖向变形

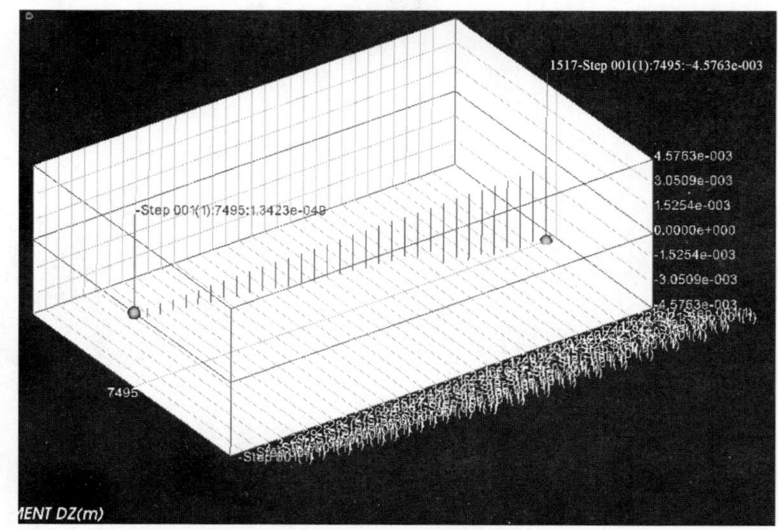

图4.15 地表沉降

b. 土体应力

根据莫尔—库仑屈服准则，岩体未出现屈服状态，满足受力要求，见图4.16。

图4.16　第一主应力

③计算小结

通过计算结果可得出以下结论：

a. 根据荷载结构法计算得出，隧道初期结构能够满足受力要求。

b. 根据地层结构法计算得出，开挖过程中甬台温高速路面顶最大沉降变形为4.5mm，以隧道轴向为中心沿高速公路行车方向沉降影响范围为32m，对路面结构及行车安全影响小。

c. 按1.5m开挖进尺施工过程中，通过超前支护及预注浆和预留核心土，处于甬台温高速下方的隧道掌子面是稳定的。

由于数值模拟存在模型本身及参数选取的局限性，其结果具有指导性，但是计算结果表明机械开挖方案及支护措施可以保证高速运营安全。

4)公路隧道施工比较方案评述

比较图4.17、图4.18中超前小钢管只有6m长，实际开挖临空面却有4.5m，根本不能保证隧道施工开挖支护空间稳定性。图4.18计算方法中隐含隧道施工开挖支护空间稳定性，即变形协调控制；那么图4.18中隧道施工开挖支护措施必须确保空间稳定性，即变形协调控制。这样公路隧道施工比较方案就不符合变形协调控制要求，实际设计计算中应切记！

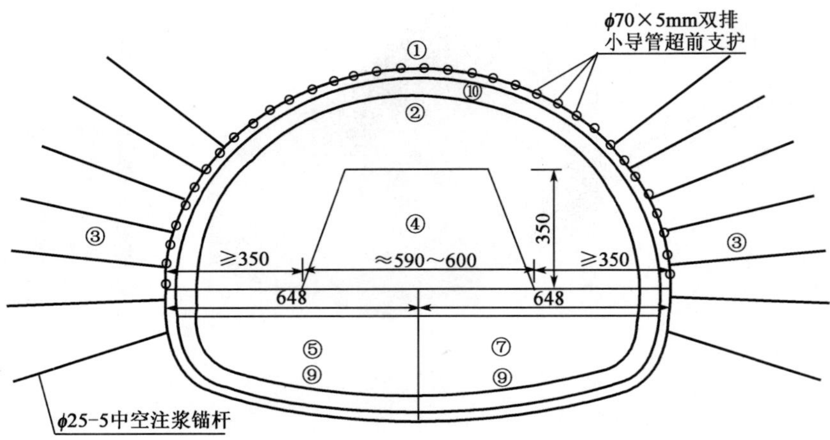

图 4.17　公路隧道开挖支护比较方案工序图(尺寸单位:cm)

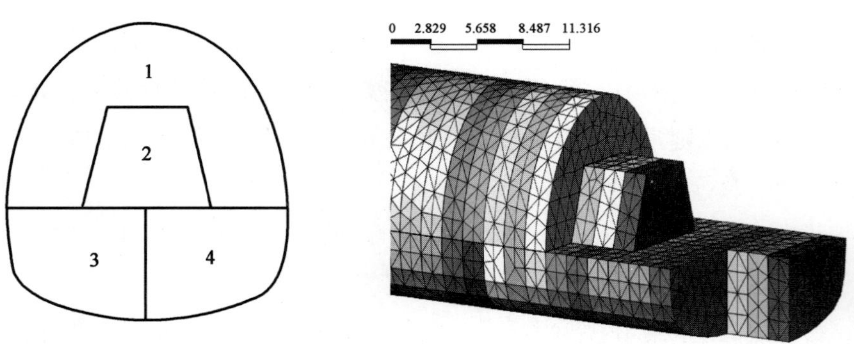

图 4.18　公路隧道开挖方法比较方案工序图

第三部分

城市地下工程建设中平衡稳定理论应用

盾构法施工过江隧道中平衡稳定理论应用

5.1　地铁盾构隧道变形协调控制技术

1)工程概况

某市地铁1号线7、8号盾构城湖区间为双线单圆盾构区间，隧道设计起止里程为：右线，K11＋202.932～K12＋316.763，区间全长约为1 113.831m；左线，K11＋202.932～K12＋316.763，区间全长约为1 113.831m。平面最小半径R＝450m，剖面最大坡度为2.5％，隧道顶埋深11.2～17.5m。施工采用两台ϕ6 340mm土压平衡盾构机，分别为7号、8号盾构机。

区间线路位于中心城区，区间沿城区大道向西穿行，下穿安乐桥，中河高架及涌金立交桥、柴垛桥。道路两侧建、构筑物密集，地面道路交通繁忙，道路下桩基密布，工程环境复杂，如图5.1所示。

图5.1　隧道线路穿越的涌金立交桥

(1)地质情况

本段区间沿线地质构造和地层,为河口相冲海积堆积的粉性土及砂性土地区,由于堆积年代及固结条件不同,性质不一,竖向由松散至中密状态变化,厚度一般在 20m 左右;其下为海陆交互相沉积的淤泥质软土及黏性土,地面下深 40～45m 为古钱塘江河床堆积的圆砾层,中密～密实状态,底部基岩埋深一般在地面下 55～63m。

本段区间盾构主要穿越的土层为:$③_6$ 层粉砂夹砂质粉土;$④_2$ 层淤泥质粉质黏土;⑤层粉质黏土;$⑦_2$ 粉质黏土层;$⑧_1$ 粉质黏土;$⑧_2$ 含砂粉质黏土。其中,城站出洞段处于$③_3$、$③_6$ 粉砂夹砂质粉土层中;湖滨站进洞段处于$⑦_2$ 粉质黏土层。

(2)水文地质情况

浅层潜水:沿线浅部地下水属潜水类型,主要赋存于上部①层填土及③层粉土、粉砂中,补给来源主要为大气降水及地表水,并与河塘呈互为补给关系,其静止水位一般在地下 0.85～2.4m,并随季节性变化。对混凝土结构无腐蚀性,对钢筋混凝土结构中钢筋在长期浸水作用下无腐蚀性,对钢结构具弱腐蚀性。

承压水:沿线承压含水层主要分布于深部的⑫层细砂、砾砂层中,隔水层为上部的淤泥质土和黏土层(④、⑦、⑧、⑨、⑩、⑪层),承压含水层顶板高程为－28.51～－24.63m。

2)施工中地面变形控制措施

为有效控制地面变形,减小对周边环境的影响,保护沿线建(构)筑物,根据盾构施工的特点,主要采取了以下几方面的施工措施。

(1)采用信息化施工原理,依据地面变形监测结果,调节土仓压力,控制出土量。

根据土压平衡盾构的施工原理,盾构施工地层性质,刀盘切削土砂进入土仓后,对其进行塑流性改良,使其均匀填充土仓及螺旋输送机内部,盾构千斤顶的推力对泥土施压,作用在盾构开挖面,保持开挖面水土压力平衡,从而保持开挖面的稳定。

(2)加强管片注浆施工,严格实施同步注浆及二次补注浆,并保持浆液质量。

软弱地层施工,采用盾构同步注浆施工,注入填充性好的浆液,避免围岩坍落。如不及时,就会造成坍落空间,改变了地层原始状态稳定性和受力状况,通过及时注入与土体比重相近且有一定强度的砂浆,对管片周边土体及时形成有效填充支撑，达到完全充填和固化要求。浆液固化后对管片起到环箍作用，提高成环管片承载力，控制管片突变。保持结构与土体共同作用的平衡稳定性，有效控制地层变形。

(3)保持盾尾良好的密封性能，避免盾尾渗漏。

盾尾密封是由三道盾尾刷及充填其间的油脂共同组成，以抵抗盾尾外部的水土压力及同步注浆压力等，通常根据盾尾可能遇到的最大水土压力及每道油脂腔的抗压能力来确定盾尾刷及油脂腔的道数。盾尾密封性能抵抗住水土压力，防止浆液流失。

此外，合理选取管片，控制盾构机的姿态，保持均匀的盾尾间隙，合理调节密封油脂的用量，避免砂浆从间隙较大的一侧渗入尾刷固结，从而造成尾密封性能的破坏。

(4)及时调节盾构机姿态，使盾构机姿态保持良好状态，避免对周边土体造成过大的扰动。

盾构推进过程中，以盾构机自动导向系统测得的数据为参照，将盾体前后中心点差值、盾构中心线与隧道中心线的差值控制在较小范围内，尽量使得盾体划过轨迹线与盾构开挖限界重合。

3)地面变形控制效果比较

其中7号盾构采用同步注入惰性浆液施工，而8号盾构采用注入有一定强度的半刚性浆液施工，比较两者差别，选取全线中的5个断面进行比较，7号、8号盾构在2断面的地面变形见图5.2、图5.3及表5.1。

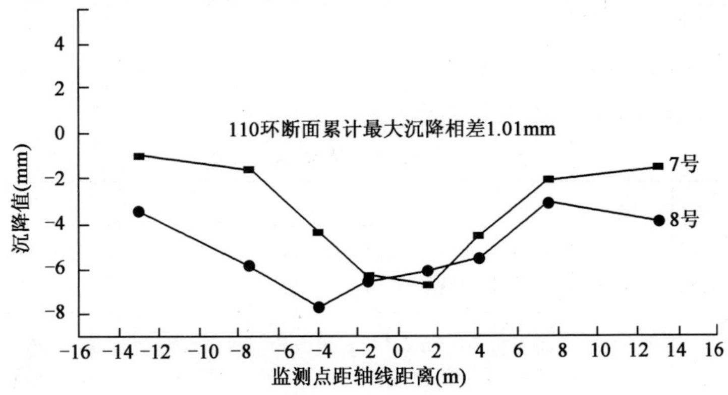

图5.2 7号、8号盾构110环对应地面变形对比情况

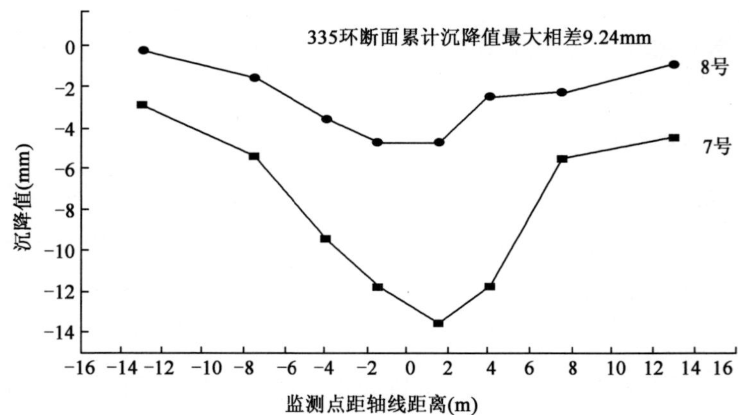

图 5.3　7 号、8 号盾构 335 环对应地面变形对比情况

表 5.1　7 号、8 号盾构地面最大沉降量对比

环号	区间线路	最大沉降量(mm)	环号	区间线路	最大沉降量(mm)
110 环	7 号盾构区间	−7.71	610 环	7 号盾构区间	−41.41
	8 号盾构区间	−6.75		8 号盾构区间	−15.2
335 环	7 号盾构区间	−13.62	810 环	7 号盾构区间	−61.27
	8 号盾构区间	−4.87		8 号盾构区间	−17.24
485 环	7 号盾构区间	−25.83			
	8 号盾构区间	−23.47			

从以上两条隧道的 2 个断面和其他 3 个断面变形情况可以看出，7 号盾构的变形量比 8 号盾构大。

4)7 号、8 号盾构施工参数比较

7 号、8 号盾构施工参数见表 5.2。

表 5.2　7 号、8 号盾构施工参数

序号	项目		内　　容
1	施工参数	7 号盾构	土压力控制为 0.30～0.35MPa，刀盘扭矩控制为 60%～80%，推力为 26 000～29 000kN，出土量超出理论量较大
		8 号盾构	土压力控制为 0.22～0.28MPa，加泡沫剂后推进时会有虚压产生，总推力为 1 500～2 000kN，刀盘扭矩控制为 30%～50%，即 1 500～2 500kN・m，出土量与理论出土量相近

续上表

序号	项目		内容
2	管片拼装	7号盾构	依据设计线路特征，采用按排布图管片施工，需不断地进行贴纸纠偏，推进过程中管片破裂、漏水普遍
		8号盾构	依据盾构机的实际姿态，采用管片选型进行拼装，能较好地控制盾尾间隙，管片并拼装质量好
3	注浆填充	7号盾构	注浆量为6～7m³，在注浆过程中多次发生漏浆情况，地面沉降量较大，如图5.4所示
		8号盾构	盾构注浆量为2～3m³，盾尾密封性能好，无漏浆情况；且每隔5环，对管片进行二次补注双液浆，如图5.5所示，有效地填充并控制地面沉降

图5.4 7号盾构对应地面变形情况

图5.5 8号盾构进洞与隧道内补注双液浆施工

5)7号盾构机姿态异常对同步注浆量及盾构进洞的影响

图5.6所示为7号盾构姿态与施工参数关系图解。从图5.6中可以看出，盾体运行的轨迹线所包络的面积大于盾构机的开挖面积，当盾体前后中心

线偏差值达到 150mm 时，造成注浆量大于理论量 0.876m³；由于盾体中线与盾构开挖面形成较大夹角，导致盾构推进过程中，盾构对土体的扰动较大，对地面变形控制不利；由于盾体与开挖面形成的夹角，盾构受到的土体摩擦力较大，相应盾构推力也将增加。特别是在土体的液性指数小于 0.25 的地层中，盾构推力增大的幅度尤为明显。

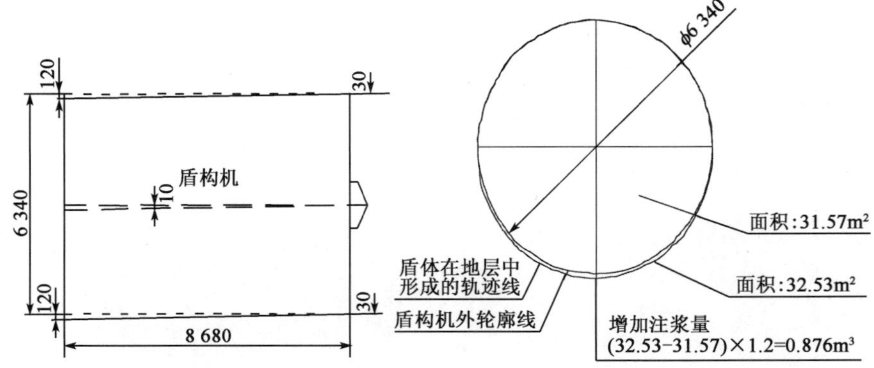

图 5.6　7 号盾构姿态与施工参数关系图解(尺寸单位:mm)

某区间盾构工程，盾构进洞施工中，垂直值前后点相差达到 150mm，前点对进洞洞门中心相差较小，盾构机到达进洞加固区后，盾构机推力达到约 36 000kN(而 8 号盾构机推力只有 5 000kN)，盾构机无推进速度，当人工破除端头围护结构后，以盾构机的最大推力推进，但盾构仍不能前进。

由于盾构机姿态不理想，盾构机外围受到有一定强度的加固体约束，导致较大的摩阻力，阻碍盾构机的前进，如图 5.7、图 5.8 所示。

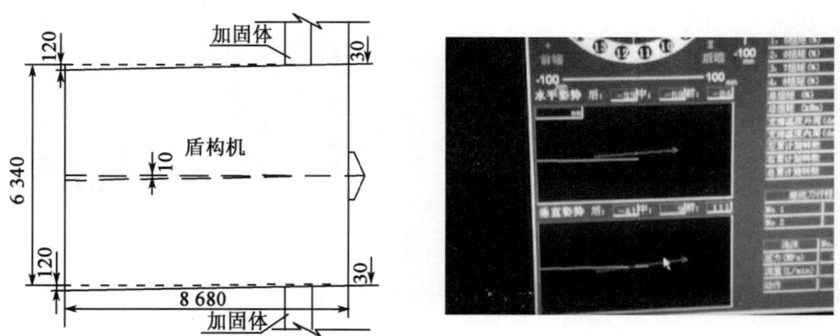

图 5.7　7 号盾构机在加固体中的姿态图(尺寸单位:mm)

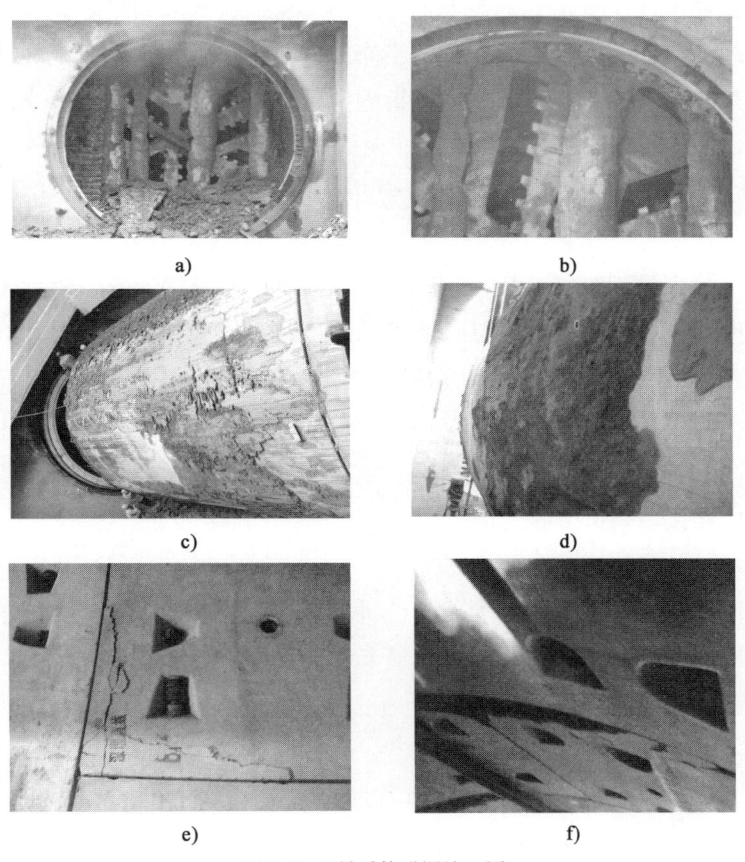

图 5.8　7 号盾构进洞施工图

5.2　钱江隧道施工穿越两岸堤防变形协调控制技术

1)工程概况

(1)隧道工程简介

钱江隧道工程长 4.45km(桩号为 K11＋400～K15＋850),位于著名的观潮胜地——海宁盐官镇上游约 2.5km。由于过江隧道跨径大、里程长、技术难度大,且地质条件复杂,因此钱江隧道是钱江通道及接线工程项目的控制性工程、关键工程。

隧道设计为双向六车道,分为东西两线。圆隧道段采用一台直径 15.43m

的超大型泥水气压平衡式盾构掘进机施工，施工流程为：西线江南工作井出洞→西线江北工作井进洞→在江北工作井内盾构整体调头→东线江北工作井出洞→东线江南工作井进洞→盾构拆除并外运。因此盾构隧道分别两次穿越江北及江南大堤。

钱江隧道的圆隧道段长度分别为：西线圆隧道 3 242.783m，东线圆隧道 3 245m。

隧道衬砌采用单层管片，外径 15 000mm，内径 13 700mm，环宽 2 000mm，管片厚度 650mm，为通用环楔形管片，每环由 10 块管片构成。其中标准块 7 块、邻接块 2 块、封顶块 1 块。普通环管片由钢筋混凝土管片构成，混凝土强度等级为 C60，抗渗等级为 1.2MPa，采用全圆周错缝拼装工艺。管片环与环之间用 38 根 M30 的纵向斜螺栓相连接，每环管片块与块间以 2 根 M39 的环向斜螺栓连接，每环 20 根。

(2)地质情况

钱江隧道所在地区主要为钱塘江冲海积平原，第四系覆盖层较厚。隧道穿越的地层江北明挖段主要为淤泥质黏土，江中段主要为粉质黏土和黏质粉土，江南明挖段主要为淤泥质粉质黏土、粉土、粉砂层。

(3)北岸堤防结构情况

江北大堤前身为明清时期鱼鳞石塘，后于 1997—2003 年新建成标准海塘。鱼鳞高达 5m 多，下有木桩支撑，石塘外侧设有二级砌石护坡及木排桩护脚防冲。因石塘尚属完好，标准塘建设时基本保持原状，标准海塘建成后，土埝顶面高程为 8.87m，顶面宽 4m，外口设有浆砌条石防浪墙，墙顶高程为 9.67m，土埝内坡为坡比 1∶2.5 的土坡及植草保护。鱼鳞石塘内侧塘面宽约 11m，高程为 6.88～7.37m，靠内侧建有 4m 宽的防汛道路，如图 5.9 所示。盾构隧道从江北明清鱼鳞石塘木桩下穿过。

2)盾构施工对明清老海塘的沉降影响分析

引用钱江隧道防洪评价报告的有关分析计算数据，钱塘江北岸土堤顶及鱼鳞石塘顶采用 Peck 公式，分析计算结果如图 5.10、图 5.11 所示。

同时运用有限元分析软件 Plaxis 构建数学模型模拟分析盾构隧道施工对上述地方的影响，其中江北老海塘大堤的有限元计算模型如图 5.12 所示。模型采用 15 节点单元为基本单元类型，共有 760 个单元，6 365 个节点。

图 5.9 北岸海宁堤防现状

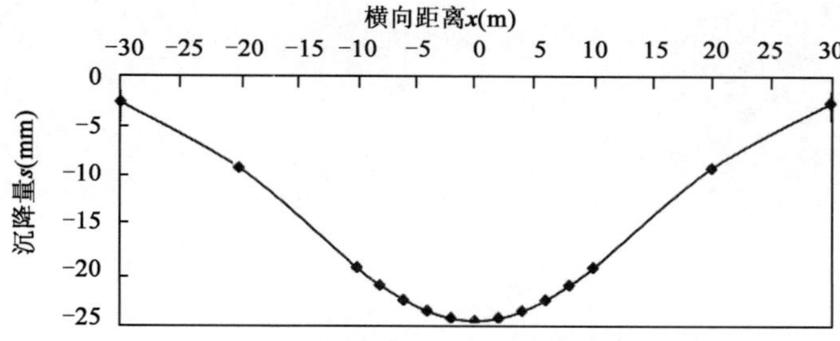

图 5.10 钱塘江北岸土埝堤顶沉降横向分布图

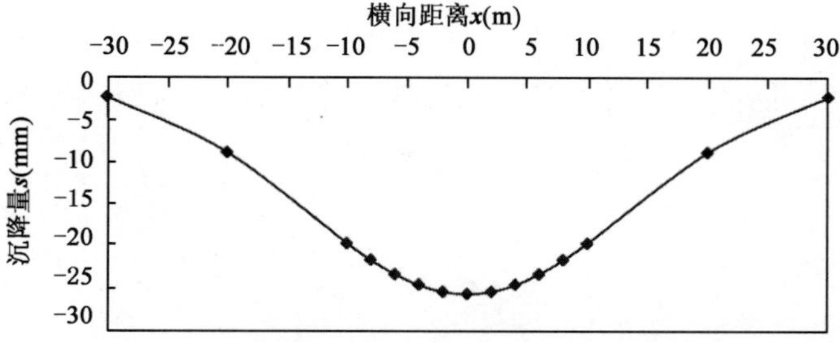

图 5.11 明清鱼鳞石塘地表沉降横向分布图

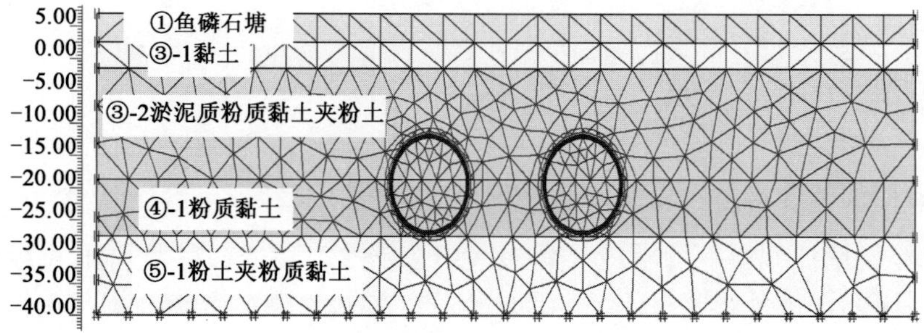

图 5.12 盾构隧道模型有限单元网格图(明清鱼鳞石塘)

考虑隧道开挖顺序，西线隧道先掘进造成的沉降云图与东线隧道掘进后造成的云图，分别如图 5.13 和图 5.14 所示。第一条隧道开挖造成了地表下陷，在开挖经过的上部地表形成了一个凹槽，隧道轴线正上方地表沉降最大，向左右沉降分别逐渐减小，最大沉降为 33.29mm，比经验公式计算结果大 7.61mm。两条隧道都开挖后，也在开挖经过的上部地表形成了一个凹槽，隧道轴线正上方地表沉降最大，向左右沉降分别逐渐减小，由于新老隧道开挖的相互影响，地表最大沉降为 49.50mm。

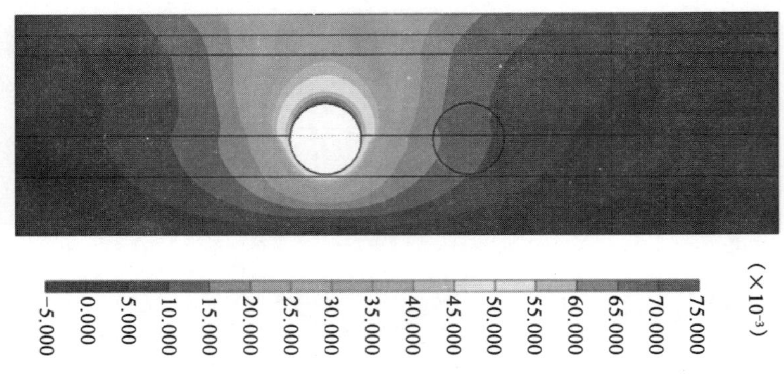

图 5.13　单条隧道开挖后模型总位移图(云图)

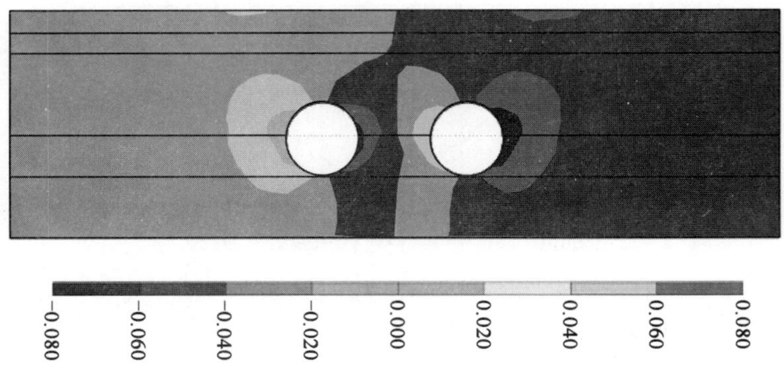

图 5.14　模型总位移图(云图)

根据防洪评价报告中的分析，两条隧道都开挖后，由于新老隧道开挖的相互影响，钱塘江北岸海塘土埝堤顶最大沉降为 47.14mm；钱塘江北岸明清鱼鳞石塘表面最大沉降为 49.50mm；钱塘江北岸海塘堤外丁坝地表最大沉降为 53.39mm。据此提出堤塘沉降监控指标为：北岸不均匀沉陷斜率控制值为

0.1%，堤塘最大沉降量为2cm。

根据上述分析，基于盾构隧道稳定平衡与变形协调控制的综合考虑，对盾构隧道施工环境控制等级分为：①一级控制地段，为盾构掘进穿越江北明清老鱼鳞石塘地段，控制最大沉降不超过1cm；②二级控制地段，为江南、江北的土质堤防地段，控制地面最大沉降不超过5cm；③三级控制地段，为盾构江中施工地段，以保证盾构隧道自身平衡稳定为主。因此根据上述控制等级分别制定盾构隧道平衡稳定施工的参数及盾构注浆等辅助措施的施工参数。比如江中施工时盾尾同步注浆量按三级控制为每环22m^3，充填率为1.07%；但过江北鱼鳞石塘盾尾同步注浆量按一级控制为每环24～29m^3，充填率为120%～140%，且启动了盾构机头所具有的超前预注浆功能，提前预先充填加固盾构上部地层。

3)考虑平衡稳定影响的施工控制措施

由于本工程施工的重难点在于江北鱼鳞石塘的稳定，因此下面重点介绍盾构施工所采取的有关措施。

(1)穿越前技术准备

①盾构推进之前，严格按照盾构机制造商提供的盾构机设备保养手册对盾构机进行检查、维护和保养，确保盾构机处于良好的状态。

②在穿越大堤前，应及时总结试推进阶段前期推进阶段的各项施工参数对地面沉降的影响状况，并结合西线隧道穿越大堤的经验，做好盾构穿越大堤的技术准备。

③在盾构出洞前开始对大堤进行监测，掌握大堤的自然沉降量，为盾构穿越大堤提供参考数据。

④提前1～2个月对江北大堤采用船抛块石混合料作镇压平台。

(2)穿越时盾构推进措施

根据大堤处隧道的覆土情况以及盾构施工对地表构筑物的影响规律，确定盾构机切口到达前30m(15环)和盾尾通过后20m(10环)为盾构穿越大堤施工的重点控制施工段。同时对本施工区段的各项施工参数做严格的规定，切口水压、盾构推进、泥水控制、同步注浆和密封油脂压注等各工序必须严格按要求进行操作。

①切口水压：切口水压力波动太大，会增加正面土体的扰动，导致正面土

体的流失，因此应尽可能减少切口水压的波动。施工过程中，将通过气泡仓压力和泥水液位将切口水压波动值控制在－2～＋2kPa之间，保证正面稳定，并适当加大切口面的压力以便江北鱼鳞石塘预先合理隆起一定量，以补偿后期的沉降量。

②泥水质量指标：在盾构机穿越大堤施工期间采用高质量的泥水输送到切口，使其能很好地支护正面土体。一般情况下，泥水密度控制在1.2～1.3g/cm³。

③推进速度和纠偏控制：此阶段推进速度不宜太快，一般控制在20mm/min以下，较正常推进速度50mm/min慢。采用匀速推进，可以使土体被盾构推进所产生的应力得到充分释放，避免产生由于总推进力过大或过于集中而造成盾构内部系统破坏，同时也有利于盾构纠偏。另外，考虑到大堤下部可能存在不明障碍物，推进时还需密切注意刀盘扭矩的变化。严格控制盾构推进轴线，避免过多、过量的盾构纠偏，以减少盾构推进对土层的扰动，控制地表变形。

④加强同步注浆管理。同步注浆是防止地层沉陷的重要措施。同步注浆控制包括注浆量和注浆压力控制。盾构推进过程中主要以注浆量为控制指标，该段注浆量设为建筑空隙的120％～140％，即总的注浆量为24～29m³。一旦在盾构穿越过程中，出现大堤沉降偏大的情况，及时采取应急地面跟踪注浆处理。

⑤做好管片补压浆措施：通过管片注浆孔进行二次注浆，控制好注浆压力和注浆量，减小大堤后期沉降。

⑥密切注意盾尾漏浆，充分压注盾尾油脂。

⑦确保管片压浆闷头的紧密和牢靠，防止压浆孔产生漏浆。

(3)信息化施工

施工时对大堤及盾构自身均严密进行了监控量测，做到了信息化施工。

沿隧道轴线纵向监测点需加密，监测点间距为3m。在堤坝处布7条横断面，每个横向断面布点为推进轴线中心处布一点，左右32m范围内各布置8点。其中，距中心线20m范围内监测点间距3m，20～32m范围内监测点间距6m。

盾构出洞至切口距大堤保护范围（大堤保护范围为大堤本身及大堤坡脚各向外延伸30m）30m前以及盾构机盾尾离开大堤保护范围20m后，对大堤沉降的监测频率调节至1次/d,待大堤沉降稳定后逐步降低监测频率。

盾构在切口距大堤保护范围30m之内以及盾尾离开大堤保护范围20m前进行推进时,对大堤的监测频率为每推进一环测一次,并及时将信息反馈于施工现场。当实测差异沉降量或沉降速率较大时,根据实际情况适当增加测点和测频。

监测累计变量±10mm报警,±8mm预警;当累计变化量大于报警值的60%后,日变化量±2mm报警。

每一次测量成果都及时汇总反馈以便确定新的施工参数和注浆量等技术参数,最后通过监测确定效果,从而反复循环、验证、完善,确保大堤安全和隧道施工质量。

4)施工实践结果

2011年4月,西线隧道首次成功穿越江北鱼鳞石塘,施工中最大隆沉量为+20mm(图5.15),至2012年5月东线隧道二次穿越江北鱼鳞石塘,总的沉降量最大为-9.27cm,且该点沉降变化速率为0.5mm/15d=0.033mm/d,沉降趋于稳定。

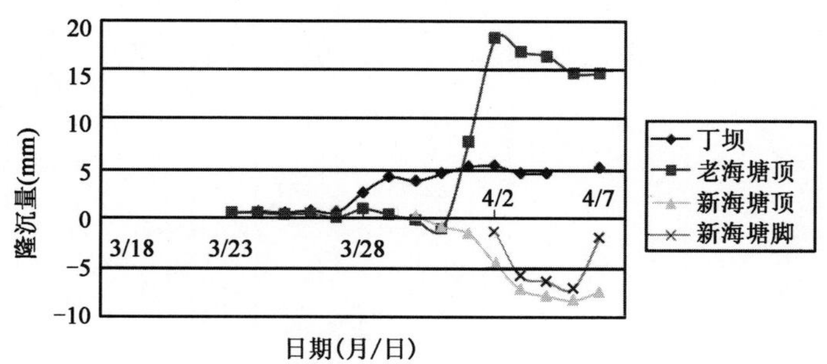

图5.15 江北大堤盾构掘进时的隆沉图

5)钱江隧道稳定平衡控制技术三点优势

强涌潮、浅覆土、大直径是钱江隧道的三大特色,其设计施工充分体现了盾构稳定平衡和变形协调控制的理念,具体技术优势如下:

(1)现有基坑、管片等结构的设计平衡状态稳定性较高,保证了结构单元的受力需求,有效地防止了局部破坏。建议在行车道板牛腿和底部填充混凝土每隔10m左右设置一道伸缩缝,以适应管片纵向不均匀沉降。

(2)施工过程中同步注硬性浆液,保证了盾构各个受力单元体之间的整体平衡稳定和变形协调控制。

(3)施工过程中采用自动与手动相结合的测量与纠偏系统,有效控制地层与结构系统按设计路径施工。

在盾构施工过程中,由于盾构开挖时存在临时空间,软土的低自稳性以及软土的固结、流变等特性将引起地层与结构共同作用下的平衡状态转化问题和变形协调控制问题,从而必然会导致一定程度的不均匀沉降。上述技术优势(2)和(3)能够基本维持地层的原始状态,确保地层与结构共同作用处于稳定平衡状态。

基坑工程变形协调控制技术

6.1 基坑工程失稳典型案例分析

对于基坑工程，据调查统计发现：凡是地下基坑开挖工艺与支护结构合理，使得围岩与支护结构共同作用达到稳定平衡与变形协调控制，工程进展顺利、质量安全良好；反之，出现工程隐患甚至破坏现象。如图 6.1a)所示，由于在建地下车库边墙失稳，并受堆填土侧向力作用，PHC 管柱抗侧倾能力低导致房屋倒塌；而图 6.1b)所示的在建地下基坑开挖工艺与支护结构合理，保证了附近房屋的稳定与安全。

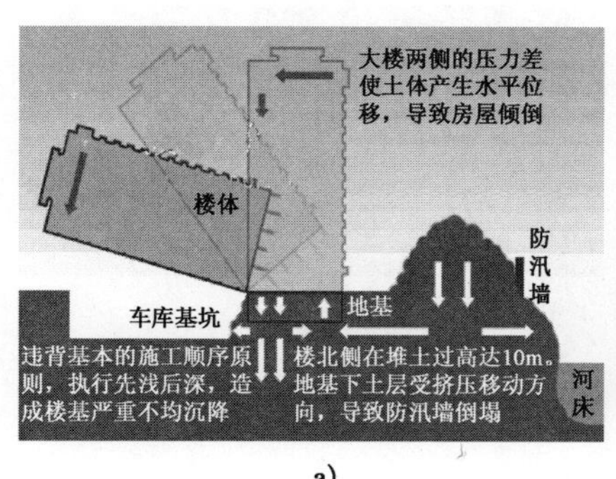

a)

b)

图 6.1 基坑开挖导致房屋倒塌与合理开挖支护保证附近房屋稳定与安全

a)基坑开挖导致房屋倒塌；b)合理开挖支护保证附近房屋稳定与安全

1)支护能力不足

某顶进工程工作坑基坑，位于既有铁路线边缘，基坑深 5～6m，采用 ϕ800mm 钻孔桩作为围护结构，桩间采用搅拌桩止水。由于顶进箱涵结构预制空间的需要，围护结构没有设置横向内支撑，属于悬臂围护结构，仅在桩顶设置有联系冠梁，如图 6.2 所示。基坑周边土体从上至下为填土、淤泥、粉质黏土及深部的粉质黏土夹砂混碎石。

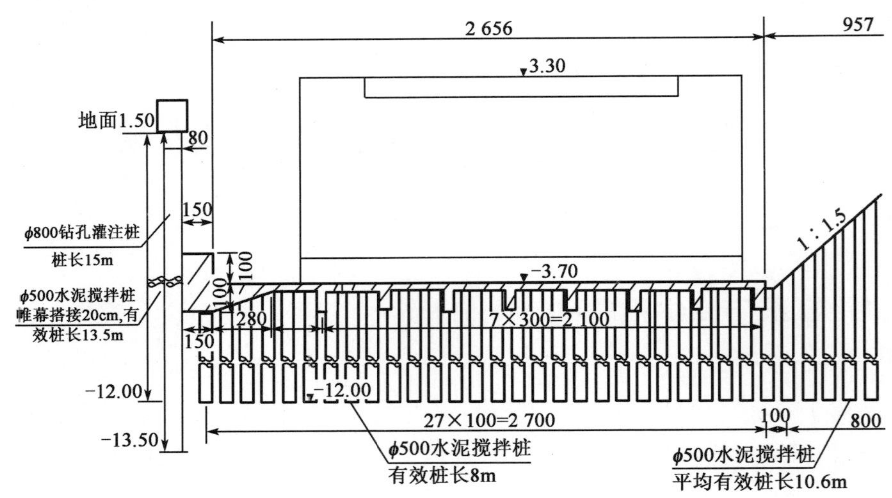

图 6.2　基坑围护结构设计图（尺寸单位：cm；高程单位：m）

该基坑在箱涵预制过程中，钻孔排桩向基坑内变形过大，冠梁断裂，钻孔排桩向坑内发生倾斜倒塌，如图 6.3 所示。

a)　　　　b)

图 6.3　基坑冠梁断裂及钻孔桩倒塌

分析其事故原因，即为淤泥质土地层内仅靠钻孔桩的入土部分来平衡上部的水土压力，没有设置支撑或拉锚结构，仅靠顶部冠梁提供的协调变形受力能力不足，致使基坑发生破坏。此类基坑应在顶部冠梁外设置拉锚结构。

2）围护结构失稳

某深基坑围护结构失稳导致发生大面积塌陷事故：塌陷坑长度约 75m，深

度约16m,宽约20m,如图6.4～图6.7所示。事故原因经分析初步判定,主要为:

(1)基坑底部没有或没做好预加固层导致突涌或突出变形,导致深基坑底部平衡状态不稳定(图6.4、图6.7)。

a)

b)

图6.4　深基坑塌陷现场与支护体系破坏情况

(2)该段采用平面支护体系,并且顶层钢管支护随着基坑开挖受力状态会发生突变,属于分支点失稳,会引起整体失稳破坏。即使平面支护也要设柔性连接防止钢管塌落而伤人(图6.4),而图6.5不是空间支护体系(力矩不平衡、支撑垮塌),因此不能使基坑保持“基本维持围岩原始状态”、确保围岩与支护系统共同作用达到稳定平衡与变形协调控制;两者共同致使基坑塌陷。

a)

b)

图6.5　破坏前后部分支护体系情况

(3)基坑整体开挖不利于维持基坑稳定平衡与变形协调控制(图6.5),应该引以为戒;如果施工工期合理,也可采用台阶法开挖,逐段封底,逐段推进施工(图 6.6),以维持基坑稳定,防止坍塌事故发生。

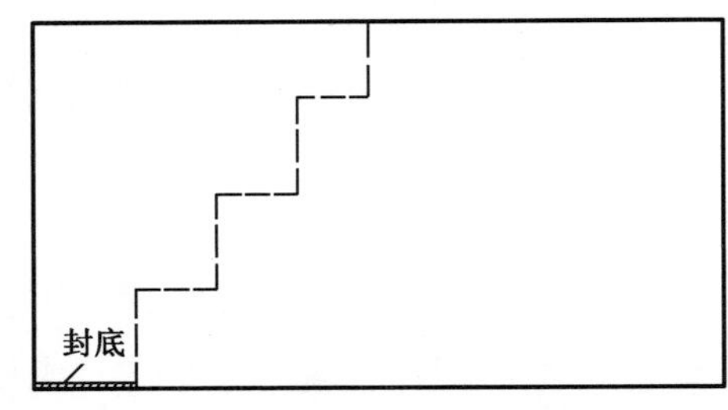

图 6.6　台阶法开挖,逐段封底

(4)该深基坑发生了大面积塌陷,支护体系发生了破坏(图 6.4),基坑边墙失稳(图 6.5),主要是由于岩土与支撑体系共同作用失去稳定所引起的。该施工段主要为软土,软土中支撑体系容易发生转动失稳,其转动点位于底部,因此,图 6.7 中 B 点是量测的关键点,而非 A 点。而现场以 A 点的监测结果来指导施工,所以监测工作不到位。如果周边地面发生变形开裂后(变形最大值约 30cm,时间约 40d)施工中及时增加底部支撑,或者如果有一道底部支撑(图 6.7),就有利于支撑体系的稳定平衡,即使发生小部分突涌,也不会引发两侧岩土体滑动,造成大面积坍塌事故。该深基坑发生塌陷事故关键是没有控制底部突涌和支护结构稳定。

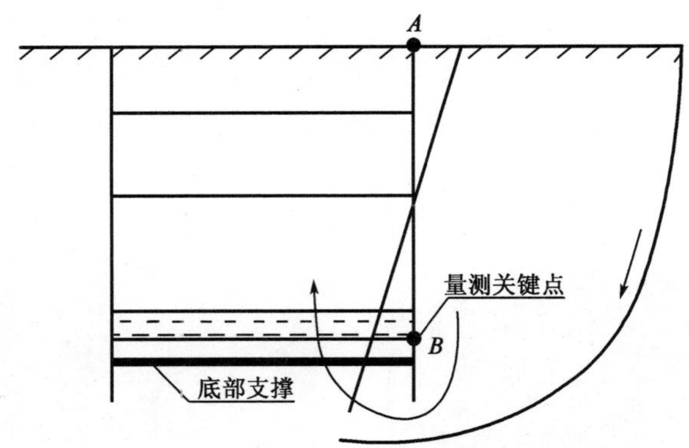

图 6.7　深基坑失稳机制分析示意图

针对该深基坑事故,专家提出了在建深基坑工程必须遵循的三点原则:

(1)基坑的开挖必须分层、分段,且开挖暴露时间不宜过长,每次分层开挖控制在 3m,分段开挖保证在 15～20m。

(2)基坑必须先支撑后开挖,并把握好支撑的细节,基坑的变形要求在受控的状态。

(3)注意在雨天环境下基坑的及时排水,在完工后,要立即加固混凝土,确保基坑不变形。

这三点原则基本符合基坑与支护系统共同作用达到稳定平衡与变形协调控制的要求。

6.2　钱江隧道超深基坑施工变形协调控制技术

钱江隧道试验井项目主体结构外包尺寸为45.80m(长)×23.40m(宽),基坑最大挖深28.25m,施工时作为盾构始发井。

根据勘察钻孔揭露主要土层为:素填土、砂质粉土、粉质黏土、砂质粉土、粉砂、淤泥质(粉质)黏土层;与隧道工程关系密切的主要为孔隙潜水和孔隙承压水。其施工过程照片如图6.8、图6.9所示。

a)

b)

图6.8　钱江隧道工作井施工过程外观照片

a)

b)

图6.9　钱江隧道工作井施工过程内部照片

1)基坑施工技术要求

(1)基坑采用明挖顺筑法施工。在围护结构施工前,必须先查明和处理好工程范围内的地下管线。

(2)地下连续墙垂直施工误差不得大于墙体深度的 1/200,且在基坑深度范围内不得大于 1/300。

(3)地下连续墙的现浇导墙拆模后,应沿纵向设上下两道支撑,将两片导墙支撑起来,在导墙的混凝土未达设计强度之前,禁止任何重型机械和运输设备在旁边行驶,以防导墙受压变形。导墙背后采用一排 ϕ700mm 双轴搅拌桩加固。

(4)地下连续墙采用跳段施工方式,一期槽段的混凝土强度达到设计强度的 70%以上时,方可进行下期槽段的施工。

(5)每槽段的开挖结束后,应将槽底的沉渣等杂物清理干净,槽底清理和钢筋笼制作时,主筋应采用焊接连接,接头位置应相互错开,在 35d(d 为钢筋直径,下同)且不小于 500mm 范围内接头不得超过钢筋数量的 50%,主筋与其他钢筋应点焊。箍筋端部应做成不小于 135°的弯钩,且平直段长度不小于 10d。钢筋笼吊装时,根据其吊装能力可分段吊装,但应控制在两段以内,分段应选在内力较小且钢筋较少处,以防因钢筋笼对接时间过长,造成槽段出现质量、安全隐患。连续墙的钢筋笼吊装时,注意不要使钢筋笼产生横向摆动,以免造成槽壁坍塌。钢筋笼插入槽段后,应检查其顶端的高度是否符合设计要求,然后用槽钢将其固定在导墙上。导管位置要调整好围檩预埋钢筋,以免相互影响。

(6)充分考虑水下混凝土灌注质量,其浇筑时应保证级配强度,宜采用商品混凝土。混凝土要连续浇灌,不能长时间中断,以保持混凝土的均匀性和整体性。地下连续墙顶设计高程处的混凝土强度必须满足设计要求,设计高程处不得有浮渣,浇筑冠梁前应将顶部浮渣及超高部分混凝土凿除。

(7)支撑应随挖随撑,避免因支撑不及时造成围护结构产生过大的变形。基坑开挖至支撑设计顶高程时,必须停止开挖,及时拉槽施作支撑。钢支撑须按规定施加一定的预加力,确保围护结构的变形在设计允许的范围内,待钢支撑架设完毕后,应检查支撑的稳定性,确认安全后方可继续开挖施工。

(8)架设钢支撑时要小心谨慎,严格按设计要求加工制作和安装,支撑端头安装时必须确保承压板与支撑轴线垂直，使支撑轴向受力，避免支撑失稳。支撑系统作为基坑支护结构的重要组成部分，必须严格按设计要求施工。施工中应采取有效措施，确保在支撑轴力减少时可复加预加轴力。

(9)基坑开挖及回筑结构期间，严禁施工机具碰损支撑系统。支撑系统仅承担轴力，施工期间不得施加其他荷载，以免支撑系统因超载过大造成失稳。

(10)临时立柱施工完成后，立柱桩桩顶(基底)以上空钻部分应及时采用砂和碎石填充密实。

(11)基坑开挖后，应检查地下连续墙暴露面，是否符合设计及有关标准、规范的要求。基坑主体结构施工前，应做好围护结构堵漏工作，围护结构没有渗漏水时方可施工主体结构。

(12)为了控制地下连续墙的沉降量，需在每幅地下墙内布置两根压浆管，插入墙底下 0.5m，压浆范围为地下墙下 1.2m 宽，1.0m 深。参考注浆参数：注浆压力为 1.0～1.5MPa，注浆量为 40%～50%，水灰比为 1∶0.6～1∶1，浆液材料为水泥浆或水泥基质水泥浆液，置换率不得小于 40%，注浆参数需要通过试验确定。

(13)施工期间，基坑周边的超载不得大于 20kPa，并在基坑的四周设护栏，以确保人员的安全。

(14)在基坑开挖过程中，应对地下连续墙间渗漏水进行封堵，避免造成地下水的大量流失而危及周边建(构)筑物的安全。

(15)在施工过程中，应根据现场施工实际情况与地质勘察资料进行核对，若有变化应立即通知监理、设计单位现场调整处理，以满足设计要求。

(16)基坑开挖应严禁大锅底开挖，在开挖至基坑底面高程以上 300mm 处，应进行基坑验收，并改用人工开挖至基底，及时封底，以尽量减小对基底地基土的扰动。基底设置盲沟加强施工期间地下水引排，防止地基土被地下水浸泡。

(17)每根立柱钻孔桩须埋设两根注浆管进行桩底压浆，要求立柱钻孔桩与地下连续墙的差异沉降不大于 10mm。

(18)基坑按无水作业设计。基坑开挖前，应观测地下水位是否满足要求，确保已达到设计要求后，方可开挖基坑。如基坑开挖时出现渗漏水现象，应停止基坑开挖，并应立即通知监理、设计单位调整处理。

(19)基坑排水应做好如下工作:基坑顶部设置截水沟,护坡处地面应适当高于外地面;地表裂缝处应予封堵,注意排走地势低凹处的集水,防止地表水流入基坑内和冲刷边坡;坡脚设置排水沟,及时排除渗水;基坑内采取明沟排水疏干,坑内设置备用降水井。在基坑内设置排水沟及集水井,排除坑内积水及雨水,集水井的设置应根据施工分段及水量大小妥善确定。如在雨季施工,则必须准备足够的抽水设备,使雨水能及时排除。

(20)基坑开挖必须在地层加固(包括工作井、工作井后续段)全部完成后并达到设计要求后方可开挖。建议盾构始发工作井开洞加固在开挖前完成并达到设计强度,否则需要在开洞范围内施工临时井字钢筋混凝土骨架进行临时支护,混凝土井字架锚固在侧墙上。

(21)本基坑位于钱塘江江边,且基坑四周为鱼塘、抢险河等,施工中应配备足够容量的自备发电机,一旦发生停电、降雨等,应首先确保降、排水系统的供电和场地不被淹没。

(22)高压旋喷桩28d无侧限抗压强度标准值不小于1.0MPa,置换率不小于20%。桩体垂直度偏差不大于桩长的1/200,桩位偏差不大于50mm,桩径允许偏差为±10mm,桩底高程允许偏差为+100mm及-50mm。

(23)围护结构、钻孔灌注桩施工及基坑开挖等应严格执行《建筑地基基础工程施工质量验收规范》(GB 50202—2002)。

(24)钻孔灌注桩施工应符合下列要求:桩位偏差轴线和垂直轴线方向均不大于50mm,垂直度偏差不大于0.5%;钻孔灌注桩桩底沉渣不超过100mm,孔深偏差为0~+300mm,混凝土强度符合设计要求,钢筋笼在绑扎吊装和埋设时应符合设计要求。

(25)工作井在侧墙施工前,应对地下连续墙表面进行凿毛和清洗处理,要求其表面做成凹凸不小于20mm的人工粗糙面。

(26)其余有关施工要求、质量验收标准等未详之处,应按国家现行规范、规程的有关规定执行。

2)基坑工程变形协调控制的要求

该工程基坑深度为28.25~16.89m,根据基坑周围环境条件及相关规范,基坑安全等级为一级基坑,重要性系数为1.1;基坑变形量限值为:围护墙顶水平位移≤2‰h_0;围护墙体最大水平位移≤3‰h_0;坑外地表最大沉降

$\leqslant 2‰h_0$;其中 h_0 为基坑深度。

基坑围护结构类型见表6.1。工作井基坑支撑系统采用五道钢筋混凝土支撑和一道 ϕ609mm 钢管支撑,其中第一、二、三道钢筋混凝土支撑结合冠梁、顶框架及地下一层腰梁设置。后续明挖段基坑支撑系统根据基坑深度不同,分别采用4～6道支撑,其中两道钢筋混凝土支撑,其余为 ϕ609mm 钢管支撑。

表6.1　钱江隧道试验井基坑维护结构表

工程段	里　　程	基坑深度(m)	基坑宽度(m)	支护类型
工作井	LK15+250.000～+273.005	28.25	46.5	1 200mm 连续墙
明挖暗埋段	LK15+273.005～+276.500	25.0	38.7	1 200mm 连续墙
	LK15+276.5～+318.500	24.8～23.5	37.0～38.7	1 000mm 连续墙
	LK15+318.500～+392.000	18.9～16.89	33.1～37.0	800mm 连续墙

基坑采用高压旋喷桩加固。工作井采用网格形抽条加固,加固宽度沿连续墙周边为4m,抽条宽度为3.25m,深度为4m。明挖加深段采用裙边和抽条加固,LK15+319.7～+362段及封堵墙处采用裙边加固。加深段裙边加固宽4m、深4m,抽条宽3.25m、深3m、纵向净间距为6m;非加深段裙边加固宽3.25m、深3m。

基坑的设计安全系数见表6.2。

表6.2　基坑设计安全系数表

基坑等级	基底抗隆起	墙底抗隆起	抗管涌	基底抗突涌	带支撑抗倾覆稳定性
一级基坑	1.8	2.0	1.5	1.2	1.3

3)基坑稳定性计算及处理措施

(1)计算方法说明

明挖暗埋段与工作井结构采用明挖顺作法施工。围护结构的设计按地质情况、水文情况、周边环境以及基坑安全等级的不同,根据工程实践,结合结构计算分析确定。

围护墙结构计算分施工阶段和使用阶段进行。施工阶段按“先变形、后支撑”的原则,模拟施工开挖、支撑全过程不同工况进行结构计算。围护结构在施工阶段,按施工过程进行受力计算分析,开挖期间围护结构作为支挡结构,承受全部的水土压力及地面超载引起的侧压力。结构的位移及内力采用有限元方法计算，考虑分步开挖施工各工况实际状态下的位移变化，并按弹性情况考虑。运营阶段与主体结构共同承担全部荷载。

支护形式为多支点杆系结构，采用弹性支点杆系有限元法计算。基坑以下土的作用采用弹簧模拟，弹簧刚度按“K”法模式计算。被动土压力按弹性地基梁考虑，其水平抗力系数采用“m” 法。

混凝土支撑、围檩体系结构按照平面应力问题，采用均质弹簧弹性支点杆系有限元法计算。根据围护墙计算分析获得的支撑荷载，作为围檩与围护墙之间相互作用的初始荷载进行输入，并采用水平均质弹簧模拟围檩与围护墙之间的变形协调控制来分析混凝土支撑、围檩体系结构的受力变形。

工作井围护墙与主体结构侧墙采用叠合墙形式。叠合墙结构设计时，按结构整体或单个构件可能出现的最不利组合，依据相关规范进行计算，并考虑施工过程中荷载变化情况分阶段计算。根据本工程的地质条件和规范要求，基坑开挖及回筑阶段，对黏性土和粉土采用水土“合算”，砂性土采用水土“分算”；运营阶段考虑水对结构的长期效应，对结构的不利影响分别采用水土“合算”和水土“分算”进行包络。荷载按结构承载能力极限状态及正常使用极限状态进行组合，采用荷载—结构模式进行计算，按荷载最不利组合进行结构的抗弯、抗剪、抗压、抗扭强度和裂缝宽度验算。连续墙结构根据围护墙和叠合墙不同工况进行包络配筋设计。

(2)计算模型

围护墙结构计算分施工阶段和使用阶段进行。施工阶段按“先变形、后支撑”的原则，模拟施工开挖、支撑全过程分工况进行结构计算。围护墙在施工阶段，按施工过程进行受力计算分析，开挖期间围护结构作为支挡结构，承受全部的水、土压力及地面超载引起的侧压力。支护形式为多支点杆结构，即采用弹性支点杆系有限元法，计算结构的位移及内力，考虑分步开挖施工各工况实际状态下的位移变化，并按弹性情况考虑。

基坑以下土的作用采用弹簧模拟，弹簧刚度按“K”法模式计算，被动土压力按弹性地基梁考虑，其水平抗力系数采用“m” 法。

墙底抗隆起安全系数采用 Prandtl 和 Terzaghi 公式计算；带支撑抗倾覆稳定安全系数等于最下一道支撑以下围护结构两侧土压力对最下一道支撑点

的力矩之比。典型的计算模型和荷载分布图如图 6.10、图 6.11 所示。

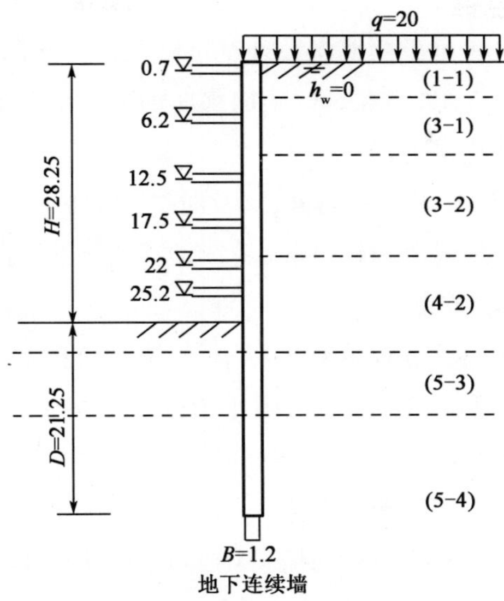

图 6.10 计算模型(尺寸单位:m)

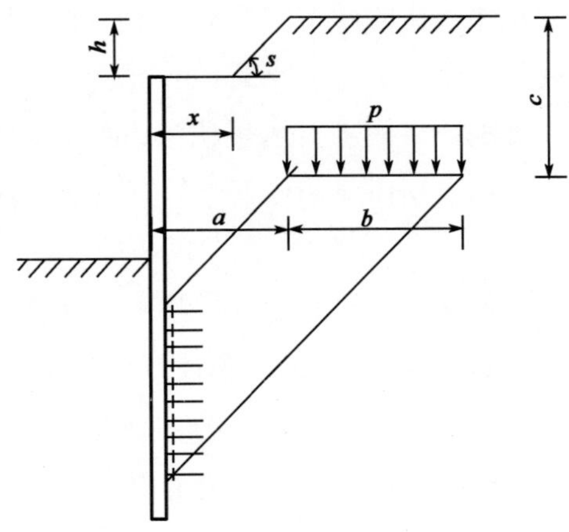

图 6.11 荷载分布图

(3)应急抢险措施

由于对潜水和承压水的降水施工直接影响到基坑开挖的安全,施工单位在施工组织设计中应制订应急预案,出现险情应根据应急预案采取果断措施确保基坑安全。

围护结构质量是基坑安全的保证，根据连续墙可能出现的质量缺陷，对影响基坑安全的质量问题，施工单位应制订相应的质量缺陷防范措施及其应急预案。

内支撑体系是改善围护结构受力和基坑安全稳定的保证措施。施工中要采取措施，确保支撑、围檩位置准确、施加预加轴力符合要求，施工中不要碰损支撑、立柱、围檩及其连接处。

基坑开挖应分层、分块有序地进行，及时进行支护，并进行监测。对出现结构变形、基坑隆起、地表沉降量过大，连续墙接缝错位、漏水、地下水位出现异常时，应采用应急预案措施。

勘探过程中场地内发现有零星浅层沼气，表现为间歇性冒水泡状。施工期间应根据实际情况采取相关措施，防止沼气对环境的污染，并制订应急预案，确保工作人员以及基坑的安全。

4)基坑稳定性的监控量测

(1)监测是围护结构动态设计、信息化施工的依据。施工中应根据围护结构监测结果反馈的信息，对围护结构的设计做出调整，使最终的围护方案达到既安全又经济。

(2)施工过程中应对邻近道路的沉陷进行监测，如发现有地面开裂、沉陷等情况，应立即通知有关单位人员进行研究、处理。

(3)施工过程中应对围护结构进行水平位移、钢筋应力等量测，当其水平位移超过允许限值时，应加强支撑或采取其他的有效措施，确保安全后方可继续施工。

(4)施工过程中应对支撑轴力与挠度进行监测，以免超载失稳。

(5)施工过程中应对地表、附近建筑物和连续墙的裂缝进行观测，确保基坑稳定与安全。

(6)监测报警指标由累计变化量和变化速率两个量控制，累计变化量的报警指标详见“施工监测图”。

(7)观测资料及分析成果要列入竣工资料，以供交验。

参考文献

[1] TERZAGHI K. Theoretical soil mechanics[M]. New York: John Wiley and Sons Inc, 1943.

[2] 孙钧. 岩土材料流变及其工程应用[M]. 北京:中国建筑工业出版社,1999.

[3] 孙钧. 地下工程设计理论与实践[M]. 上海:上海科学技术出版社,1996.

[4] 孙钧. 孙钧院士八秩华诞论文选集[M]. 上海:同济大学出版社,2006.

[5] 王梦恕. 地下工程浅埋暗挖技术通论[M]. 合肥:安徽教育出版社,2004.

[6] 王梦恕. 中国隧道及地下工程修建技术[M]. 北京:人民交通出版社,2010.

[7] 刘宝琛. 刘宝琛文集[M]. 长沙:中南大学出版社,2011.

[8] 项海帆. 桥梁概念设计[M]. 北京:人民交通出版社,2011.

[9] 曾庆元,等. 列车脱轨分析理论与应用[M]. 长沙:中南大学出版社,2005.

[10] 孙广忠. 岩体结构力学[M]. 北京:科学出版社,1988.

[11] 朱汉华,尚岳全,等. 公路隧道设计与施工新法[M]. 北京:人民交通出版社,2000.

[12] 于书翰. 隧道施工[M]. 北京:人民交通出版社,2000.

[13] 何满潮,景海河,孙晓明. 软岩工程力学[M]. 北京:科学出版社,2002.

[14] 中华人民共和国行业标准. JTG D70—2004 公路隧道设计规范[S]. 北京:人民交通出版社,2004.

[15] 文颖. 结构稳定极限承载力分析的力素增量方法[D]. 长沙:中南大学,2010.

[16] 中华人民共和国行业标准. JTG C20—2011 公路工程地质勘察规范

[S]. 北京:人民交通出版社,2011.
[17] 朱汉华,等. 工程结构稳定平衡与变形协调控制方法及应用[M]. 北京:人民交通出版社股份有限公司,2015.